IRENE GRAF & RAINER PETEK

D1995095

NEW WORK, HOME OFFICE & RAUMKONZEPTE DER ZUKUNFT

WIE SIE MIT DEM CODE FÜR KREATIVE RÄUME EINEN WORKSPACE FÜR MEHR INNOVATION UND BESSERE ZUSAMMENARBEIT IHRER MITARBEITER SCHAFFEN

INHALT

Vorwort

Als wir die erste Auflage dieses Buches, veröffentlicht unter dem Titel *Der Code für kreative Räume*, schrieben, hatten die Welt und wir noch keine Ahnung, was uns bevorstand. Doch schon als es erschien, war die Corona-Krise im vollen Gange.

Nichts von dem, was wir darin geschrieben hatten, wurde dadurch weniger relevant – im Gegenteil. Die Krise hat erst recht aufgezeigt, wie sehr die Arbeitswelt sich ändern kann und muss: Weg von den klassischen Bürostrukturen hin zu neuen kreativen Lösungen, die die Unternehmen und ihre Mitarbeiter dabei unterstützen, den komplexen Anforderungen der Märkte gerecht zu werden.

Doch der Lockdown unter Corona hat einen Teilbereich dieser Arbeitswelt mit einem Schlag in den Mittelpunkt des Interesses gerückt, den wir nicht explizit aufgeführt hatten: das Homeoffice. Von einem Tag auf den anderen waren die Firmen gezwungen, soweit irgendwie möglich, ihre Mitarbeiter vom Büro fernzuhalten und doch gleichzeitig produktiv zu bleiben – eine große Herausforderung. Diese Herausforderung haben die meisten Unternehmen sehr gut gemeistert, oft zu ihrem eigenen Erstaunen. Und die unfreiwillige Erfahrung hat vielen den Blick geöffnet, was alles nicht nur in der Theorie der

Zukunftsforscher, sondern ganz praktisch bei ihnen vor Ort möglich ist. Und so ist zu erwarten, dass auch dann, wenn die Maßnahmen zur Eindämmung der Pandemie noch weiter gelockert werden, das Thema Homeoffice nicht beendet sein wird. Es wird im Gegenteil ein noch wichtigerer Teil von kreativen Raumkonzepten werden.

Deshalb haben wir uns entschlossen, das Buch zu erweitern und unter einem neuen Titel herauszugeben. In dieser aktualisierten Ausgabe zeigen wir Ihnen nun auch, wie Sie und Ihre Mitarbeiter mit dem *Code für kreative Räume* auch Ihr Homeoffice optimal gestalten können und wie die Zukunft Ihres Headquarters aussehen kann. Dafür haben wir unter anderem mit Katharina Borchert gesprochen. Sie ist Chief Innovation Officer bei der Mozilla Foundation und hat in dieser Funktion schon viele Jahre Erfahrung mit remote arbeitenden Teams gesammelt. Sie hat ihre Einschätzungen mit uns geteilt – übrigens von der Veranda ihres Hauses in den USA aus, wo sie ihr Homeoffice aufgeschlagen hat.

Wir wünschen Ihnen viel Erfolg bei der Umsetzung des *Codes für kreative Räume* – sowohl in Ihrem Office als auch in Ihrem Homeoffice!

Ihre

Irene Graf und Rainer Petek

„ZUERST PRÄGT DER MENSCH DEN RAUM, DANN PRÄGT DER RAUM DEN MENSCHEN."

Sir Winston Churchill

Vorsicht, freidenkende Mitarbeiter!

„Ich freue mich, dass Sie Interesse an der Stelle haben, Herr Teine“, sagt Martin Jewein, Geschäftsführer des mittelständischen Verpackungsunternehmens. Und er sagt es nicht nur so dahin, denn er freut sich wirklich: Das Unternehmen sucht händeringend nach Ingenieuren und der junge Mann, der ihm gegenüber sitzt, wäre genau der richtige. Das Gespräch ist gut verlaufen, der Bewerber scheint ehrlich begeistert.

Kevin Teine antwortet: „Ja, Ihre Firma und die Position machen einen tollen Eindruck auf mich. Schon Ihr Eingangsbereich macht klar: Hier herrscht ein offenes, modernes Arbeitsklima: die einladende Gestaltung, die vielen verschiedenen Mitarbeiter-Initiativen, die Sie da ausgehängt haben, und auch der Tischkicker fehlt nicht. Ich finde das echt cool.“

Martin Jewein nickt zufrieden. Seine Anstrengungen der letzten Jahre, etwas Bewegung in dieses durchaus traditionsverhaftete Unternehmen zu bringen, tragen anscheinend Früchte.

„Nur eine Bitte hätte ich noch“, fügt der Bewerber hinzu. „Würden Sie mir noch zeigen, wo ich dann arbeiten würde?“

Dem Geschäftsführer frieren die Gesichtszüge ein. Er hätte ahnen müssen, dass diese Frage kommt, denn auch die letzten beiden aussichtsreichen Bewerber hatten sie geäußert. Aber es hilft ja nichts.

Er räuspert sich und erwidert betont freundlich: „Natürlich. Bitte kommen Sie."

Er führt Kevin Teine aus dem hellen Besprechungszimmer im Erdgeschoss hinauf in den ersten Stock. Sie gehen einen langen, lichtlosen Gang entlang. Der Bodenbelag ist anthrazit-grau, die Wände weiß. Rechts und links gehen in immer gleichen Abständen Bürotüren ab. Manche stehen offen und geben den Blick frei in die Räume: immer gleiche Sechser-Büros.

Die einheitlich hellgrauen Schreibtische sind in allen Räumen identisch, die weißen Aktenschränke ebenfalls. Selbst ihre Aufstellung ist überall gleich. Nur hier und da unterbricht eine traurig dreinblickende Zimmerpflanze die Monotonie.

Ganz am Ende des Ganges werfen die beiden noch einen Blick in den Besprechungsraum. Der unterscheidet sich von den Büros nur dadurch, dass darin statt der sechs einzelnen ein großer anthrazitfarbener Tisch in der Mitte und ein leeres Flipchart in der Ecke steht.

Martin Jewein erläutert im Gehen fast entschuldigend, dass die Mitarbeiter sich in diesen Büros sehr wohl fühlen und es gar nicht anders haben wollen. Doch er beobachtet aus den Augenwinkeln, wie sich der begeisterte Gesichtsausdruck des Bewerbers mit jedem Schritt weiter verliert.

Als sie wieder im hellen Eingangsbereich ankommen, verabschiedet sich ein gequält lächelnder Kevin Teine mit den Worten: „Ich melde mich bei Ihnen, sobald ich mich endgültig entschieden habe." Und Martin Jewein seufzt innerlich: Auch von diesem Bewerber wird er nichts mehr hören.

DREAM
BIG

TEIL 1:

WEIL ES UM MEHR ALS BÜROEINRICHTUNG GEHT

Alles begann mit einer Reise in die USA. Rainer nahm wie schon die Jahre zuvor an einem großen Kongress dort teil und wir hatten beschlossen, noch gut zwei Wochen gemeinsamen Urlaub dranzuhängen. Wir flogen von Arizona nach Kalifornien, besuchten unter anderem den Yosemite Nationalpark, Los Angeles – und auch das Silicon Valley. Unser Antrieb war, zu verstehen, was sich dort genau abspielt, denn die Digitalisierung war und ist einer der wichtigsten Change-Treiber auch für die Unternehmen im deutschsprachigen Raum.

Wir wollten wissen, wie die Menschen in dieser Wiege der Digitalisierung arbeiten. Wie sie ticken? Was sie bewegt? Unser Interesse war groß, aber eher unbestimmt.

Da wir uns sehr kurzfristig zu diesem Abstecher entschlossen hatten, bekamen wir keine offiziellen Termine mehr. Doch das hinderte uns nicht: Wir würden uns einfach vor Ort umschauen, um einen Eindruck zu gewinnen.

Der magische Moment

Die erste Firma, die wir besuchten, war Airbnb in San Francisco. Und der Moment, als wir das Atrium dort betraten, war magisch: In diesem hellen, offenen, für jeden zugänglichen Bereich gab es viele Sitzgelegenheiten, ein Café und jede Menge Leute. Das war sehr schön anzuschauen, aber das, was uns ehrlich in Bann schlug, war die energetisierende Atmosphäre. Hier ging die Post ab! Hier brüteten begeisterte Menschen bahnbrechende Ideen aus! Hier ging es um etwas!

Wir setzten uns und ließen diesen Raum auf uns wirken.

Auf einmal schüttelte Rainer fast ungläubig den Kopf und sagte: „Du, Irene, weißt du, was mir gerade auffällt? Der Eingangsbereich von eurer Firmenzentrale hat doch eigentlich eine ganz ähnliche Struktur wie der hier, oder?“

Irene war damals für einen großen deutschen Baukonzern tätig.

Sie schaute sich um und erwiderte: „Stimmt. Aber hier fühlt sich das ganz anders an: Hier vibriert es richtig. Bei uns dagegen herrscht eine Stille wie im Inneren der Cheops-Pyramide.“

Wir lachten, weil der Vergleich so treffend war. Doch dann wurde Irene wieder ernst und sah sich noch einmal genauer um. Schließlich sagte sie: „Der Unterschied ist eigentlich ganz klar: Es hat mit der Architektur zu tun. Von unserem Eingangsbereich aus ist alles nach außen orientiert. Hier dagegen ..."

Sie wies mit ausgestrecktem Arm in die Weite des Airbnb-Atriums, „ist alles zum Atrium hin orientiert. Und was das bewirkt, erleben wir gerade."

In dem Moment dämmerte uns: Die Art, wie diese kreativen Unternehmen, die mit ihren Geschäftsmodellen die Welt umkrempeln, arbeiten, hat auch etwas mit der Gestaltung ihrer Räume zu tun. Und diese Gestaltung ist nicht zufällig, sondern folgt bestimmten Prinzipien.

Warum nicht diese Prinzipien ergründen und für Unternehmen in Europa zugänglich machen? Die Idee für ROOM TO GROW war geboren.

Nun bemühten wir uns erst recht darum, mehr darüber zu erfahren, wie erfolgreiche Silicon-Valley-Unternehmen ihre Räume gestalten. In der Folge erhielten wir nicht nur bei Airbnb, sondern auch bei vielen anderen führenden Firmen tiefe Einblicke, wie deren Räume Innovation und Zusammenarbeit fördern ...

Drei Dimensionen und zehn Gebote

Aus all diesen verschiedenen Eindrücken haben sich für uns drei große Gestaltungsmaxime herauskristallisiert, die gemeinsam den *Code für kreative Räume* bilden. Wir nennen sie die drei Dimensionen, denn jede Dimension gibt der vorhergehenden noch mehr Tiefe und Wirkung.

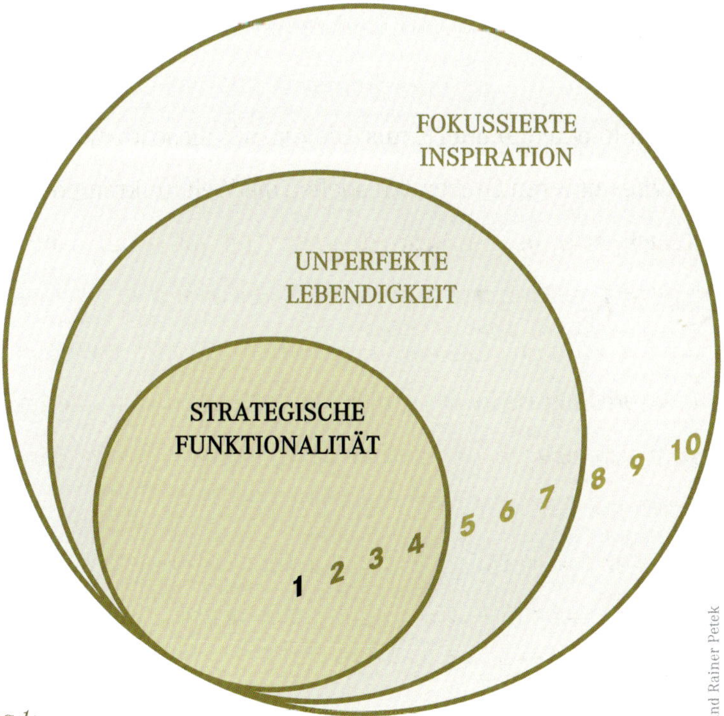

Abbildung 1:
DER CODE FÜR KREATIVE RÄUME:
Die Dimension der Strategischen Funktionalität steht immer am Anfang aller Gestaltungsüberlegungen.

© Irene Graf und Rainer Petek

Die erste Dimension ist die der *Strategischen Funktionalität.* Das heißt, dass es immer die Strategie sein muss, die die Funktion des Raumes vorgibt. Welche Aufgaben sollen bearbeitet werden und welcher Art der Arbeit bedarf es, um sie erfolgreich zu lösen? Damit öffnen Sie bereits den Raum für Kreativität, Zusammenarbeit und Innovation.

Diesen Raum können Sie jedoch noch weiter öffnen, wenn Sie darüber hinaus sicherstellen, dass er lebendig ist. Denn die zweite Dimension ist die der *Unperfekten Lebendigkeit.* Wenn Menschen nicht nur funktionieren, sondern zu Höchstleistung auflaufen sollen, brauchen sie nicht Monotonie, selbst wenn sie auf höchstem Niveau stattfindet, sondern eine Umgebung, in der sie sich als Mensch wohlfühlen.

Und Sie können eine noch weitere Öffnung erreichen, indem der Raum nicht nur lebendig, sondern auch inspirierend wirkt. Damit sind Sie in der dritten Dimension, der der *Fokussierten Inspiration* angelangt. Kreativität hängt in hohem Maße von geistigen Anregungen ab und auch von dem kontinuierlichen Signal, dass neue Ideen willkommen sind.

Die vielen großen und auch kleinen aufstrebenden Unternehmen, die wir besucht haben, haben uns in vielfältiger Weise vor Augen geführt, dass es diese drei Dimensionen sind, die innovatives Denken und Arbeiten möglich machen.

Aus diesen eher abstrakten Dimensionen haben wir Handlungsanweisungen abgeleitet, die Ihnen erlauben, in die konkrete Umsetzung zu gehen. Diese Handlungsanweisungen sind die *Zehn Gebote*, mit denen Sie Räume gestalten, die Kreativität und echte Zusammenarbeit erlauben und fördern. Die Gebote bringen auf den Punkt, worauf es in der Praxis ankommt.

In diesem Buch wollen wir Ihnen einen Einblick geben, was im Detail hinter den einzelnen Dimensionen des *Codes für kreative Räume* steckt, welche Gebote sich daraus ableiten und welche großartigen Beispiele wir auf unseren Reisen ins Silicon Valley dazu gesehen haben.

Der Code kann Ihnen als Richtschnur dienen, wenn auch Sie die Räume Ihres Unternehmens so gestalten wollen, dass Ihre Mitarbeiter und die, die es werden sollen, motivierter, produktiver und freudvoller ans Werk gehen. Holen Sie sich spannende Anregungen und Erkenntnisse zu allen Dimensionen.

Jede davon ist wichtig. Die grundlegende jedoch, mit der Sie immer zuerst starten sollten, ist die erste ...

Die Dimension der Strategischen Funktionalität

Das Thema „Büroeinrichtung“ ist in den letzten Jahren hip geworden. Es hat sich herumgesprochen, dass gerade junge Bewerber viel Wert auf ein attraktives Arbeitsumfeld legen. Also werden Tischkicker sowie Besprechungsinseln angeschafft und ihr Stellplatz zur Kreativfläche erklärt. Solche Aktionen sind gut gemeint, jedoch viel zu kurz gesprungen.

Raumgestaltung wird dann wirksam, wenn sie das unterstützt, was in diesem Raum geschehen soll – das, was strategisch gewollt ist. Dafür muss Ihnen im Unternehmen natürlich klar sein, was Sie strategisch wollen. Es braucht eine klare Verbindung zwischen dem, was Ihr Unternehmen erreichen will, und wie Ihre Mitarbeiter dafür arbeiten sollen. Denn daraus ergibt sich, welche Art von Arbeit Ihr Einrichtungs- und Raumkonzept unterstützen muss.

Aus diesem Grund ist Raumgestaltung Chefsache!

Wenn Sie aber Ihre Räume um die verschiedenen Aufgaben, die in Ihrem Unternehmen anstehen, organisieren wollen, heißt das automatisch, dass Sie mit großer Wahrscheinlichkeit nicht nur einen einzigen Raumtyp brauchen, sondern ein differenziertes Raumkonzept. Und genau das haben wir bei unseren Besuchen immer wieder beobachtet: Ganz unabhängig von der Branche, in der Sie aktiv sind, nutzen alle von uns besuchten Firmen in ihrem Gestaltungskonzept mehrere Raumtypen.

Wir haben über alle hinweg gesehen vier verschiedene Basis-Raumtypen ausgemacht. Und darin sind die Räume, die zum Beispiel rein der Versorgung dienen – wir nennen sie „copy & kitchen" – oder Räume für Pausen und Erholung, noch gar nicht enthalten.

Mit diesen vier Raumtypen befassen sich die vier Gebote der Dimension der *Strategischen Funktionalität*, die wir Ihnen in den nächsten Kapiteln vorstellen.

TEAMARBEIT AUSDRÜCKLICH ERWÜNSCHT

1. GEBOT >

Es ist später Freitag Abend und es wird uns eine besondere Ehre zuteil: Aaron Harvey, der Chef des Airbnb-Teams, das für die Gestaltung der weltweiten Offices zuständig ist, gibt uns eine Führung durch die Firmenzentrale.

Zustande gekommen ist die Führung durch Irenes offene und gewinnende Art: Weil wir so fasziniert waren von dem Atrium des Firmengebäudes, sprach sie einfach eine Mitarbeiterin an, die vorübereilte. Es stellte sich heraus, dass diese zum Team um Aaron Harvey gehört. Die Dame war schnell bereit, ihren Chef für uns zu fragen, ob wir einen Einblick in das Gebäude bekommen könnten. Und er sagte tatsächlich für den folgenden Abend zu.

Und jetzt stehen wir hier mit ihm in den weitgehend verlassenen Arbeitsflächen, nur hier und da brennt noch ein Licht. Einmal weist uns Aaron lächelnd darauf hin, dass in einem dieser Lichtkegel gerade der CEO und Airbnb-Gründer sitzt und telefoniert. Um ihn machen wir natürlich einen respektvollen Bogen – aber nur, um ihn beim Telefonat nicht zu stören, wie Aaron nebenbei bemerkt.

Der Airbnb-Architekt zeigt uns aber nicht nur die verschiedenen Räumlichkeiten in diesem großen Gebäude, sondern er erzählt uns auch, welche Gedanken jeweils dahinterstecken.

Wir dürfen fast überall Fotos machen und sind allein von dieser Offenheit sehr beeindruckt.

Unsere erste Station ist der Marketing-Bereich, der zum großen Teil aus offenen Flächen besteht.

Teamarbeitszone

In dieser Teamarbeitszone stehen viele Einzelarbeitsplätze, die flexibel zu Inseln zusammengestellt werden können. Es entsteht eine kreative Teamlandschaft: Eine strikte Ordnung suchen Sie dort vergeblich, denn die Gestaltung lebt.

Je nachdem, wer gerade eng mit wem zusammenarbeiten und sich intensiv austauschen will, platziert seinen Tisch näher zu diesem oder jenem Kollegen. Die Einrichtung wandert dahin, wo sie für das Projekt in diesem Moment gebraucht wird.

So ist es auch überhaupt kein Problem, neu hinzukommende Teammitglieder in eine Insel und damit in den Austausch zu integrieren.

Das Mobiliar ist entsprechend leicht und teils sogar auf Rollen. Die Schreibtische sind auch nicht fest an bestimmte Mitarbeiter vergeben. Persönliche Sachen können im eigenen Rollcontainer eingeschlossen werden. Den nimmt jeder am Morgen zu dem Platz mit, der heute für ihn passt.

Hallo Nachbar

Diese Flexibilität ermöglicht auch immer wieder neue Nachbarschaften. Ist für eine bestimmte Phase viel Kommunikation mit anderen Bereichen nötig, holen sie sie eben für diese Zeit dazu. Denn haben sich die Mitarbeiter ständig vor Augen, haben sie sich gegenseitig viel eher auf dem Radar, als wenn sie jedes Mal erst zum Telefonhörer greifen oder eine E-Mail schreiben müssen. Die Kommunikation läuft direkt und spontan.

Diesen „Nachbarschafts-Gedanken“ haben wir zum Beispiel auch bei Google und Apple gesehen: Dort sind zwischen den großen Arbeitsinseln der Teams immer wieder Besprechungszonen angesiedelt. Die dienen dezidiert der gewollten Begegnung „zwischen Nachbarn“.

Um den kommunikativen Charakter zu betonen, sind dort Whiteboards aufgestellt: Hier darf und soll auf Zuruf gemeinsam gedacht, entworfen, entwickelt werden.

Diese Whiteboards bieten gleichzeitig einen gewissen Schall- und Sichtschutz. Denn diese Erfahrung haben die Firmen natürlich auch gemacht: Wenn bei diesen spontanen Treffen so laut geredet wird, dass die anderen sich nicht mehr konzentrieren können, geht der Schuss nach hinten los und die Vorteile gehen verloren.

Das erste Gebot

Die Idee hinter den Teamarbeitszonen laut Aaron Harvey und anderen ist, dass es Aufgaben gibt, die intensive Kommunikation erfordern und dass Mitarbeiter, die solche Aufgaben haben, die besten Voraussetzungen für Kommunikation brauchen, um sie gut zu machen. Denn das ist ja der Kern der *Strategischen Funktionalität*: Welche Art von Arbeit ist nötig, um eine Aufgabe erfolgreich auszuführen?

Und deshalb lautet das erste Gebot:

> **Schaffe Teamarbeitszonen für Aufgaben, die Abstimmung und Austausch erfordern.**
>
> **1. GEBOT**

Abstimmung und Austausch sind heute nicht nur im Marketing, sondern in vielen Bereichen erfolgsentscheidend. Die meisten Projekte sind so komplex, dass einer alleine sie nicht mehr bewältigen kann. Sitzen die beteiligten Mitarbeiter in den üblichen Einzelbüros, die am besten noch nicht einmal nebeneinander liegen, ist die logische Folge: Sie schreiben sich E-Mails oder Chat-Nachrichten. Massenhaft und missverständlich. Sie können sich leicht vorstellen, was stattdessen auf der Strecke bleibt: die direkte Kommunikation. Die ist reduziert auf die Besprechungstermine, spontaner Austausch findet nicht statt.

Dabei ist es viel schneller, unkomplizierter und klarer, wenn die Mitarbeiter sich gegenübersitzen, miteinander reden und arbeiten. Das bringt ganz andere Ergebnisse.

So bekommen sie zum Beispiel mit, woran ihr Kollege gerade arbeitet. Oder sie unterhalten sich zu zweit über eine Frage, die sie nicht lösen können. Ein dritter schnappt ihr Gespräch auf und kann eine Idee beisteuern.

Und Teamarbeitszonen ermöglichen noch einen weiteren Effekt, der den Erfolg massiv fördert: Der Teamgeist wächst, wenn die Projektgruppe sich als Gemeinschaft erlebt. Und das Gemeinschaftserlebnis geschieht durch persönlichen Kontakt so viel leichter als durch virtuellen.

All diese Vorteile können die meisten Zuhörer bei unseren Vorträgen und Beratungsgesprächen gut nachvollziehen. Und doch sind sie zunächst den Teamarbeitszonen gegenüber skeptisch – weil sie einer Verwechslung aufsitzen: Sie halten sie für Großraumbüros ...

Der Unterschied

So groß die Begeisterung über Großraumbüros in den 1970er Jahren war, so ernüchternd sind die Erfahrungen, die Firmen seither damit gemacht haben.

Christian Schittich, Architektur-Publizist, schreibt dazu: „Viele solcher Büros, die von Offenheit und damit freier Kommunikation leben sollten, mutierten, kaum dass sie eingerichtet waren, zu Stellwandburgen.

Ein Wildwuchs von Schränken, Stellwänden und Pflanzen sollte für Abgrenzung meist bis über Augenhöhe sorgen." Die Mitarbeiter, die nur einen Tisch voneinander entfernt saßen, schrieben sich E-Mails, um die anderen nicht zu stören; andere bauten sich besagte Burgen; wieder andere flüchteten ins Homeoffice. Die negativen Seiten dieser Office-Lösung wurden durch die große wissenschaftliche Studie des Fraunhofer Instituts „Office Analytics" 2018 noch einmal bestätigt.

Doch der Punkt ist: Teamarbeitszonen sind keine Großraumbüros!

Teamarbeitszonen sind immer nur ein Element in einer größeren Bürolandschaft. Wenn Sie diese offenen Flächen in ein Gesamtkonzept einbinden, heben Sie die Nachteile des Großraumbüros auf, ohne auf die Vorteile zu verzichten. Welches weitere Element unbedingt zu einem erfolgreichen Raumkonzept gehört, dazu kommen wir im nächsten Gebot.

PSSST!

2. GEBOT >

„Natürlich arbeiten nicht alle unsere Mitarbeiter in Teamarbeitszonen.“, grinst Aaron Harvey von Airbnb, als er uns staunend auf die offene Arbeitslandschaft schauen sieht. „Wie sollte das auch gehen?“

Mit einer Handbewegung lädt er uns ein, ihm zu folgen.

Im Gehen spricht er weiter: „Schließlich gibt es Aufgaben, die eine ruhige Arbeitsumgebung erfordern. Deshalb ist der Gebäudeteil, in dem zum Beispiel unsere Entwickler sitzen, ganz anders gestaltet. Wir sind gleich da.“

Er bleibt bei einer Tür stehen, öffnet sie für uns und wir blicken in einen mittelgroßen Raum. Hier stehen ebenfalls mehrere Schreibtische, der Abstand zwischen ihnen ist jedoch größer als in den Teamarbeitszonen. Zusätzlich sind sie durch Sicht- und Schallschutz-Wände voneinander abgetrennt. Auch die Tische selbst sind größer, damit gleich zwei oder drei große Bildschirme darauf Platz finden.

„Jeder, der hier arbeitet, hat einen fixen Arbeitsplatz. Das brauchen die einfach.“, erklärt der Airbnb-Chef-Architekt.

Wir sehen uns um. Irene ist verwundert und sagt: „Ich hätte bei Entwicklern mit einer eher technischen Umgebung gerechnet. Aber der Raum ist sehr ansprechend eingerichtet, mit Lehnsessel und Couch. Das wirkt richtig wohnlich."

Aaron nickt: „Das ist Absicht, denn die Mitarbeiter sollen hier zur Ruhe kommen, um sich voll fokussieren zu können."

Fifty shades of silence

Was Aaron Harvey beschreibt, ist der Zweck all der verschiedenen Ausprägungen von ruhigen Arbeitszonen, die wir bei unterschiedlichen Firmen gesehen haben. Sie alle folgen dem zweiten Gestaltungsgebot unseres *Codes für kreative Räume*:

> Schaffe ruhige Arbeitsbereiche für Aufgaben, die Fokus und Konzentration erfordern.
>
> **2. GEBOT**

Wie diese ruhigen Zonen dann aber aussehen, hängt wiederum davon ab, welche Funktion des Raumes im Vordergrund steht. Solche Bereiche müssen nicht – wie bei den Airbnb-Entwicklern – aus fixen Arbeitsplätzen bestehen. Sie können dieses Gebot zum Beispiel auch mit temporären Einzelarbeitsbereichen verwirklichen, die jeder nach Bedarf nutzen kann. Diese Variante ist uns unter anderem in Form von kleineren abgeschlossenen Räumen begegnet – häufig mit teilweise transluzenten Glaswänden, so dass Sie als Mitarbeiter von außen schon sehen, ob ein Kollege bereits darin arbeitet: Wenn ja, werden Sie nicht die Tür auf- und ihn aus seiner Konzentration herausreißen.

Bei Google haben wir auch größere ruhige Zonen gesehen, die frei für alle zur Verfügung stehen. Auch hierhin kann sich bei Bedarf jeder zurückziehen und an den Aufgaben arbeiten, bei denen er keine Störung brauchen kann.

Solche größeren Zonen können Sie sich vorstellen wie eine altehrwürdige Universitätsbibliothek: Es gibt viele Plätze, es sind auch etliche belegt – doch jeder weiß, dass man dort nicht lärmt und hält sich daran. Es herrscht eine ganz besondere Atmosphäre in diesen Bereichen. Die ist einerseits entspannt und doch liegt gleichzeitig Energie in der Luft. Die entsteht, weil alle sehr fokussiert arbeiten und sich höchstens im Flüsterton mit ihrem Nachbarn austauschen.

Ruhige Arbeitsbereiche brauchen aber nicht unbedingt einen eigenen Raum. Temporäre Einzelarbeitsplätze können auch einfach einzelne Kojen sein, in die sich die Mitarbeiter von der Teamarbeitszone aus zurückziehen können, um eine Aufgabe zu erledigen oder zu telefonieren. Bei Airbnb gibt es zum Beispiel diese unkonventionellen „Arbeitskojen". Die sind wie kleine Polsterhöhlen in ein Konstrukt aus einfachen Seekieferplatten eingelassen und laden dazu ein, sich darin zurückzuziehen.

Reviere

Gegen die Lösungen mit temporären Einzelarbeitsplätzen – egal ob in den Teamarbeitszonen oder in Ruhebereichen – hören wir oft den Einwand: „Unsere Leute wollen ihr Revier, die wollen einen fixen Schreibtisch haben."

Wir denken dazu: Wer entsprechende Aufgaben hat, soll den gerne bekommen. Doch alle anderen haben eigentlich nur Vorteile davon, wenn sie sich den Ort ihrer Arbeit frei wählen können.

Denn stellen Sie sich nur allein das klassische Zwei-Mann-Büro vor: Sobald nicht gerade zufällig beide hochfokussiert in Stille arbeiten, ist der eine in seiner Konzentration aufgeschmissen, sobald der andere telefoniert oder Besuch hat.

Was die Mitarbeiter daran hindert, diese Vorteile zu sehen ist etwas anderes: Es ist die Angst, dass sie mit ihrem persönlichen Schreibtisch auch ihren Arbeitsplatz verlieren könnten. Und deshalb entscheidet über Erfolg oder Misserfolg bei der Einführung von desk-sharing, ob Sie ihren Mitarbeitern glaubhaft vermitteln können: Nein, eure Arbeitsstelle ist dadurch nicht gefährdet – im Gegenteil. Sobald Sie diese Ängste ausgeräumt haben, nehmen die meisten Mitarbeiter Ihr Angebot gerne an.

Der zweite Einwand ist: „Teamarbeitszonen und Ruhebereiche? Das bedeutet ja doppelten Raumbedarf?! Viel zu teuer!"

Verlassen

Tatsächlich braucht ein Multi-Space-Konzept eher weniger Raum als eine konsequente Einzelbürogestaltung und weniger als ein Großraumbüro. Der Grund dafür: Sie nutzen die vorhandenen Flächen deutlich effizienter. Mehr Raumtypen bedeuten nicht mehr Raumbedarf insgesamt.

Und wenn Sie Ihr Konzept auch noch mit einer Homeoffice-Regelung kombinieren, unterschreiten Sie den üblichen Raumbedarf noch weiter.

Gehen Sie im Geiste an einem normalen Werktag durch Ihr Unternehmen: Wie viele Schreibtische sind wirklich besetzt? Und wie viele Büros wirken verlassen?

Wir waren kürzlich für einen Vortrag bei einem Versicherungskonzern: Die haben überhaupt nur noch für 80 Prozent ihrer Mitarbeiter Schreibtische. Ihrer Erfahrung nach sind nämlich immer etwa 20 Prozent der Belegschaft entweder auf Geschäftsreisen, im Urlaub oder krank. Durch ihr neues flexibles Konzept bieten sie jedem anwesenden Mitarbeiter eine Arbeitsfläche – nur eben nicht mehr für alle täglich die gleiche.

Mit der Differenzierung von Teamarbeits- und Fokusarbeitszonen sind die Anforderungen an die Raumfunktionalität bei den meisten Unternehmen allerdings noch nicht ganz erfüllt. Ein weiteres Element, das durch die Marktentwicklung besonders nötig geworden ist, lernen Sie im nächsten Kapitel kennen.

BETRETEN AUF EIGENE GEFAHR

3. GEBOT >

Mit dem dritten Gebot hatte Rainer schon vor einigen Jahren ein Schlüsselerlebnis, das wir erst seit unserer Arbeit am *Code für kreative Räume* richtig einordnen können.

Damals war er als Berater und „Retter in der Not" zu einem großen Leuchtenhersteller gerufen worden. Der hatte nach einigen Jahren Innovations-Pause endlich wieder eine Neuheit angekündigt, die ganze Firma wartete händeringend darauf – doch das Projektteam war hoffnungslos im Verzug. Der bereits bei Kunden beworbene Messeauftritt drohte zu platzen, alle fürchteten ein Desaster. Der Druck war so hoch, dass alle willens waren, ganz anders zu arbeiten als bisher.

Das Team beschloss in einem Workshop mit Rainer, sich nicht wie bis dato nur alle zwei Wochen für eine Besprechung zu treffen. Diese hatten sich nämlich so entwickelt, dass die Diskussionen sich stets nur um den Verzug und die Suche nach den vermeintlich Schuldigen drehten. Stattdessen ließen die Teammitarbeiter im Freigelände des Unternehmens einen Container aufstellen, der ihnen als neuer gemeinsamer Arbeitsmittelpunkt für das Projekt dienen sollte. Sie räumten alles, was für das Projekt relevant war, dort ein und trafen sich nur noch dort. Sie bauten den jeweils aktuellen Stand des Prototypen in der Mitte des Raumes auf und „tapezierten" die Wände mit den Plänen für die nächsten Schritte.

Ab diesem Zeitpunkt fanden auch ihre Präsentationen ausschließlich in diesem Container statt. Selbst für den Vorstand machten sie keine Ausnahme: Auch der musste sich aus seinem schönen Büro in die Arbeitsatmosphäre des Projektcontainers bemühen.

Dieses für das Unternehmen radikale Vorgehen brachte das Team endlich nach vorne, das Projekt nahm wieder Fahrt auf, die Energie kehrte zurück. Und tatsächlich gelang, was kaum einer mehr für möglich gehalten hatte: Das Team konnte den Prototypen rechtzeitig zur Messe liefern. Rainer erlebte die Wirkung des dritten Gebots für kreative Räume hautnah mit, das wir so definieren:

> Schaffe Räume für das Neue, für Experimente und die Prototypen der Zukunft.
>
> **3. GEBOT**

Aus den Augen?

Wie sehen Innovations-Kick-offs bei Ihnen im Unternehmen aus? Unserer Beobachtung nach laufen die häufig so ab: Der Projektleiter setzt ein Meeting an. Alle Beteiligten kommen in einem Besprechungsraum zusammen, der nach allen Regeln der räumlichen Sabotage gestaltet ist. Einer stellt die Innovationsidee vor und wirft dazu eine PowerPoint-Präsentation an die Wand. Eine halbe Stunde lang wird theoretisch über die Möglichkeiten diskutiert. Dann wird der Beamer ausgeschaltet – und die Idee ist weg. Aus den Augen, aus dem Sinn.

Warum das der „Normalfall" ist, dafür gibt es einen Grund: Unternehmen sind gewohnt, Räume für Menschen zur Verfügung zu stellen. Aber einer Idee einen eigenen Raum geben? Dieser Gedanke klingt für die meisten im ersten Moment schräg.

Dabei liegen die Vorteile auf der Hand: In Räumen für das Neue ist die Idee ständig präsent, sie hat einen eigenen Platz. Da können Sie den Prototypen sehen und anfassen. Sie sehen die nächsten Entwicklungsschritte am Whiteboard an der Wand. Sie haben alle Unterlagen dazu griffbereit im Regal. Diese geballte Präsenz bleibt anders in den Köpfen und treibt anders an, als wenn das Projekt „unsichtbar" bleibt.

Kreative Freiräume

Wie Sie diese Räume ausstatten, bleibt Ihnen und Ihrem Einfallsreichtum überlassen. Die Unternehmen, die wir besucht haben, haben ganz unterschiedliche Lösungen für sich gefunden.

Google zum Beispiel hat für die Entwicklung von Innovationen eine so genannte Garage eingerichtet: Das Unternehmen stellt über alle Abteilungen, Projekte und Aufgaben hinweg einen Ort zu Verfügung, an dem es nur um neue Ideen geht. Jeder kann hingehen, keiner muss.

Die Google Garage ist vollgestopft mit tausend Hilfsmitteln: mit 3-D-Druckern und Plottern genauso wie mit Bastelmaterialien, mit Spielzeug und verrückten Einrichtungsgegenständen wie ausrangierten Autorücksitzen auf Rollen. Die Steckdosen sind nicht irgendwo in der Wand oder im Fußboden angebracht, sondern hängen an Schienen montiert von der Decke herab. Alles kann und darf durch die Gegend geschoben werden, Freiraum und Flexibilität sind wichtigste Bedingung.

Airbnb dagegen gestaltet seine Ideenräume ganz anders: Dort bekommt grundsätzlich jedes Projekt einen eigenen Raum.

Der ist jeweils nicht übermäßig groß und auch nicht so üppig ausgestattet wie die Google Garage, aber eben ausschließlich für die eine Sache reserviert.

Wie groß oder wie gut bestückt so ein Ideenraum ist, ist auch nicht entscheidend. Entscheidend ist das Umdenken: Sie gestehen einer Idee eine eigene Fläche zu, Sie geben ihr buchstäblich Raum. Mit welch' einfachen Mitteln das möglich ist, hat uns ein IT-Team einer Großbank gezeigt.

Perfekt unperfekt

Dieses Team hatte sich mit Rainers Unterstützung Gedanken gemacht, wie es seine Innovationskraft verbessern könnte. Rainer präsentierte ihnen unter anderem unseren *Code für kreative Räume* und sie kamen richtig ins Sprudeln: Ja, so eine Innovations-Garage à la Google wollten sie auch haben. Doch wo unterbringen? Der Konzern war gerade eben erst in einen preisgekrönten Hochglanz-Neubau eingezogen, in dem von der Architektur bis zur Ausstattung einfach alles perfekt durchgeplant war. Für eine „Garage" war kein Raum vorgesehen.

Außerdem war für so eine verrückte Nummer wohl auch kein großes Budget von der Geschäftsleitung zu erwarten.

Doch das Team wusste sich zu helfen: Sie konnten den Vorstand überzeugen, ihnen einen Raum im Souterrain zur Verfügung zu stellen. Mit geringsten Mitteln und in Eigenarbeit funktionierten sie diesen zu einer Innovations-Garage um. So klebten sie zum Beispiel an eine der verputzten Wände eine fotorealistische Tapete eines rohen Mauerwerks, denn sie wollten etwas Unfertiges vor Augen haben – als Gegensatz zu der perfekt gestylten Umgebung. Auf eine andere Wand setzten die Teammitglieder mit Farbe ihre Handabdrücke. Die Regale holten sie bei einem großen schwedischen Möbelhaus, ebenso wie Schaumstoff-Hocker als einzige Sitzgelegenheit.

Die einzige größere Ausgabe war ein Surface Hub, also eine Art Whiteboard, das gleichzeitig als Computer, Projektionsfläche und Bildschirm dienen kann.

Der Raum war ein einziges Experiment, doch er ist ein voller Erfolg: Heute wollen alle ihn nutzen. Spannender Nebeneffekt: Der Raum wird nicht nur für Innovationsarbeit genutzt, sondern auch zur Lösung von konfliktträchtigen Themen. O-Ton eines Mitarbeiters: „Das bekämen wir in einem normalen Meeting-Raum niemals hin!“

Neue Regeln

Welche Art „Garage“ Sie auch einrichten wollen: Wichtig ist, dass der Raum schon beim Betreten signalisiert, dass die Spielregeln, die im Rest des Unternehmens gelten, hier außer Kraft gesetzt sind. Rollen, Hierarchien, Zuordnungen von draußen gelten hier nicht. Hier geht es um die Sache und nicht um Standpunkte und Meinungen.

Dafür reichen schon kleine Maßnahmen: Allein, wenn Sie in diesem Raum nicht die üblichen Tische und Stühle vorfinden, sortiert sich vieles anders als sonst. Augenhöhen nivellieren sich, Sitz- und Rangordnungen werden neu bestimmt.

Die Energie ist auch eine andere, wenn Sie keine Lehne zum Anlehnen haben. Sie können sich nicht einfach nach hinten sinken und berieseln lassen. Sie fühlen sich eingeladen, sich zu beteiligen, immer wieder aufzustehen, den Standort zu wechseln, Bewegung in die Sache zu bringen.

Dieser Raumtyp wirkt befreiend, auch auf die Kreativität. Er signalisiert sofort: Hier darf und soll neu gedacht, anders gespielt, erfrischend gehandelt werden.

Diese Wirkung hat er übrigens mit dem vierten und letzten der Raumtypen, die wir zum *Code für kreative Räume* zählen, gemeinsam ...

STATT E-MAIL-PING-PONG

4. GEBOT >

Wo ist bei Ihnen im Unternehmen die Teeküche untergebracht? In sehr vielen Firmen – auch den großen – finden Sie solche Räume nach wie vor in den hintersten Winkeln. Ein dunkler Schlauch, gerne ohne natürliches Licht und Fenster, eingeklemmt zwischen Toiletten und Serverraum, mit einer dürren Küchenzeile und einer Aufenthaltsqualität unter Null.

Dabei sind Teeküchen und Gänge die klassischen Flächen, wo ein extrem wichtiger Teil der internen Kommunikation stattfindet: die informellen Gespräche und der spontane Austausch zwischen Mitarbeitern. Diese Kommunikation muss in solchen Firmen an diesen wenig einladenden Orten stattfinden – denn andere Räume sind dafür in der Regel nicht vorgesehen. Schließlich wurde der Wert und die Bedeutung dieser Art der Kommunikation lange Zeit massiv unterschätzt. Noch heute gibt es Führungskräfte, die ihren Mitarbeitern Untätigkeit unterstellen, wenn sie diese im lockeren Gespräch mit Kollegen sehen.

Je komplexer jedoch die Aufgaben werden, je mehr Kreativität und Zusammenarbeit von den Mitarbeitern gefordert ist, desto mehr müssen die Menschen miteinander reden. Und eben nicht nur formell im Rahmen von Meetings, sondern auch spontan und informell. Die Unternehmen im Silicon Valley haben das verstanden ...

Der zweite Arbeitsplatz

Sie stellen Flächen zur Verfügung, die sich nicht den „normalen" Arbeitsbereichen zuordnen lassen. Auf diesen Flächen bringen sie nicht nur die typischen Teeküchen-Elemente wie Getränke- und Snack-Versorgungspunkte ein, sondern auch Sitzlandschaften, Stehtische, Pflanzen. Die Bereiche sind hell und einladend, teils wie Cafés gestaltet – ganz gemäß des vierten Gebotes:

> Schaffe Räume für informelle Gespräche und spontane Abstimmung.
>
> **4. GEBOT**

Die Funktion dieser Flächen ist, den Austausch der Mitarbeiter über Abteilungs- und Aufgabengrenzen hinweg nicht nur zu ermöglichen, sondern sogar zu fördern. Bei Airbnb nennen sie diese Flächen folgerichtig „second places" – eine zweite Form von Arbeitsplatz. Damit wird klar: Die informelle Kommunikation wird nicht nur geduldet, sondern ist als gleichwertig zur formellen gewürdigt und gewünscht.

Deshalb richten die Firmen auch diese Flächen bewusst in Bereichen ein, in denen die Wahrscheinlichkeit hoch ist, dass die unterschiedlichsten Mitarbeiter sich zufällig treffen. Dazu kombinieren sie diese Orte zum Beispiel mit „copy&kitchen"-Flächen. Sie stellen gemütliche Sitzgelegenheiten dort auf, wo die Menschen sowieso vorbeikommen: auf dem Laufweg zum Kopierer, zur Kaffeemaschine, zu den Toiletten. So hat Airbnb seine interne Poststelle einer solchen Fläche angegliedert. Und The Richards Group, eine der größten Werbeagenturen der USA, hat ihre Kopiergeräte direkt um den Küchenspot herum platziert. Selbst Nerds, die nie freiwillig eine Teeküche aufsuchen würden, bekommen Sie dort zu sehen.

Die Unternehmen bringen mit diesen Räumen eine wichtige Botschaft an ihre Mitarbeiter zum Ausdruck: Bitte trefft euch, tauscht euch aus, trinkt einen Tee oder Kaffee miteinander, begegnet euch.

Diese Botschaft und diese Funktion sind ihnen so wichtig, dass sie dafür auch Flächen nutzen, die in klassischen Unternehmen eine ganz andere Funktion haben ...

Scheinbar ineffizient

Eine Firma, die bei uns etwas auf sich hält, leistet sich zu repräsentativen Zwecken einen großzügigen Eingangsbereich, der nach Außen Wirkung entfaltet. Der großzügige Eingangsbereich bei Airbnb dagegen dient hauptsächlich der Kommunikation der Mitarbeiter untereinander, er entfaltet seine Wirkung nach Innen.

Auch mit Hilfe solcher „Umwidmung“ kommt die Airbnb-Zentrale auf einen vorbildlich hohen Anteil von 25 Prozent ihrer Fläche, die sie für diese Form der Kommunikation ihren Mitarbeitern zur Verfügung stellt. Das widerspricht scheinbar jeglicher Flächeneffizienz. Aaron Harvey sagt dazu: „Wir haben erkannt, dass eine der wichtigsten Formen der Zusammenarbeit die spontane, nicht planbare und situativ notwendige Kommunikation ist. Also müssen wir dafür auch ausreichend nicht buchbare Meeting-Flächen bereitstellen.“

Wenn Sie sich nun reflexhaft fragen, was das kostet, drehen Sie die Frage lieber um: Überlegen Sie, was es Sie kostet, wenn Sie diesen Raum nicht zur Verfügung stellen und viel spontane, informelle Abstimmung deshalb unterbleibt.

Diese Frage ist nicht so leicht zu beantworten, aber wir wetten mit Ihnen: Diese Kosten sind immens.

Ja, es kostet Sie Fläche, doch gerade große Unternehmen haben in der Regel genug davon. Sie nutzen diese nur nicht effizient, sondern zum Beispiel rein als Verkehrswege oder zu Repräsentationszwecken.

Was definitiv unbezahlbar ist, wenn Sie viel Fläche für den informellen Austausch zur Verfügung stellen: Sie bekommen eine ungeahnte Entspanntheit in das Thema Innovationen. Denn Sie müssen sich klar machen: Kein Mensch kann über einen riesigen, rechteckigen Besprechungstisch gebeugt und auf die tickende Uhr schielend Kreatives produzieren. Sie und Ihre Mitarbeiter brauchen auch andere Situationen und andere Modi, in denen Sie Ihre Idee kreisen lassen und weiterentwickeln. Diese ergeben sich am ehesten auf Flächen, auf denen Sie sich informell und spontan austauschen.

Deshalb machen Räume für offenen Austausch ein räumliches Gesamtkonzept für mehr Kreativität und Zusammenarbeit erst komplett.

Ihr „Geheimnis" für die Wahl des richtigen Raumkonzepts besteht also nicht aus dem einzigen, besonders geeigneten Raumtyp, sondern aus der differenzierten Betrachtung: Welche Aufgaben haben Ihre Mitarbeiter? Und mit welcher Art von Arbeit können sie diese erfolgreich erledigen? Erst wenn Sie die Antwort auf diese Fragen gefunden haben, können Sie das passende Konzept für Ihr Unternehmen zusammenstellen. Und das wird für Ihre Firma anders aussehen als das für Ihre Wettbewerber oder die Firma nebenan. Ein One-fits-all-Konzept gibt es nicht.

Das ist ein radikal anderer Ansatz bei der Raumgestaltung als er die letzten Jahrzehnte in den Unternehmen gepflegt wurde. Da waren alle Verantwortlichen stets auf der Suche nach dem „idealen Büro". Und je nach Mode wurde ein Raumtyp auserkoren, der einzig richtige zu sein. Alle Mitarbeiter wurden in bester Absicht über einen Kamm geschoren – mit dem Effekt, dass keiner die Möglichkeit hatte, alle seine Aufgaben in einer optimalen Umgebung zu lösen.

Hand in Hand damit ging, dass als „richtige Arbeit" nur die gesittete Arbeit am Schreibtisch galt und vielleicht noch das – auf strukturierte Tagesordnungspunkte beschränkte – Meeting. Alle anderen Aktivitäten hatten den Ruf, unproduktiv und unnötig zu sein.

Beides hat dazu geführt, dass Sie heute noch bei so vielen Unternehmen das beobachten, was wir als gestalterische Todsünde in Sachen *Strategischer Funktionalität* bezeichnen.

Räumliche Sabotage

In vielen Unternehmen gibt es ausschließlich zwei Raumtypen: den fixen Einzelarbeitsplatz (egal, ob der sich im Einzel-, Mehr-Personen- oder Großraum-Büro befindet) in Kombination mit dem buchbaren, möglichst uninspirierten Meetingraum. Diese Raumtypen bekräftigen vorrangig die Hierarchie und sabotieren kreative Zusammenarbeit in höchstem Maße.

TODSÜNDE

Diese Sabotage war kein bedauerlicher Zufall, sondern Absicht, weil der Wert von Kreativität und Zusammenarbeit kaum jemandem bewusst war.

Doch genau auf diesen beiden Bereichen basiert der unternehmerische Erfolg der Zukunft. Deshalb brauchen Unternehmen heute einen differenzierten Multi-Space.

Ein Ökosystem aus unterschiedlichen Raumangeboten ist sowohl dem Großraum- als auch dem Einzelbüro in allen relevanten Belangen überlegen: Es führt zu mehr Motivation, Wohlbefinden und Produktivität. Und damit zu erfolgreichen Innovationen.

Die *Strategische Funktionalität* in der Raumgestaltung macht einen riesigen Unterschied und bildet deshalb zurecht so etwas wie die Basis-Dimension im *Code für kreative Räume* ab. Mit der nächsten Dimension schaffen Sie die notwendige Atmosphäre in diesen Räumen.

TEIL 2:

WEIL ORDNUNG NICHT ALLES IST

Wenn Sie ein durchschnittliches Standard-Büro beschreiben sollten: Wie würde das aussehen? Welche Farbe hätten die Tische, die Wände, der Boden? Wie abwechslungsreich ist der Raum? Wie angenehm ist es, die Oberflächen anzufassen? Und würden Sie dieses Büro als schön bezeichnen?

Unserer Erfahrung nach sind „schön“ oder „angenehm“ keine Begriffe, die im Zusammenhang mit der Gestaltung von klassischen Büros fallen. Eher heißt es „funktional“,„einheitlich“ oder „praktisch“. Hier soll ja gearbeitet und nicht gewohnt werden. Genau das ist das Problem ...

Die Dimension der Unperfekten Lebendigkeit

Der Mensch mutiert nicht zum Roboter, sobald er sein Büro betritt – glücklicherweise, denn die Arbeit, die Roboter verrichten können, ist nicht die, mit der Mitarbeiter ihre Unternehmen heute noch voranbringen. Firmen brauchen motivierte, engagierte und kreative Mitarbeiter – also Menschen.

Winston Spencer Churchill sagte einst: „We shape our buildings; thereafter they shape us. – Wir prägen unsere Gebäude und anschließend prägen sie uns." Er hat recht: Unsere Umgebung prägt uns. Die Gestaltung der Räume, in denen wir uns bewegen, prägt uns.

Und jetzt stellen Sie sich die Wirkung vor, die ein monotones, im Farbspektrum zwischen weiß und schwarz gehaltenes Büro mit Kunststoffoberflächen und Metallregalen versprüht: Die ist alles andere als motivierend und inspirierend.

Ein so gestaltetes Büro ist das, was der französische Ethnologe und Anthropologe Marc Augé einen „Nicht-Ort" nennt.

Durch und raus

Diese Nicht-Orte sind „sinnentleerte transitorische Funktionsorte" oder einfach „unpersönliche Durchhäuser": Da wollen Sie nicht verweilen, da wollen Sie nur durch oder raus. Typische Beispiele sind Flughäfen, Bahnhöfe oder Businesshotels, die überall auf der Welt gleich aussehen.

Solche Orte sind ausschließlich auf eine Funktion ausgerichtet, Schönheit oder Behaglichkeit lassen sie komplett vermissen. Sie haben auch keine Geschichte, keine Identität.

Marc Augé hat ein ganzes Buch zu diesen Nicht-Orten geschrieben, warum solche Orte besser gemieden werden sollten: Sie rauben Ihnen nämlich Ihre Energie. Und deshalb bezeichnen wir es als Todsünde, wenn Unternehmen ihre Büros zu Nicht-Orten machen.

Nicht-Ort-Atmosphäre

Büros, die sinnentleerte, transitorische Funktionsorte sind, strahlen keinerlei Lebendigkeit aus. Sie sind das zuverlässigste Mittel, um Kreativität zu vermeiden.

TODSÜNDE

Kein Mensch kann sich an solchen Nicht-Orten wohlfühlen. Und wo Sie sich nicht wohlfühlen, werden Sie sich auch nicht entfalten. Sie werden Ihr Potenzial nicht nutzen können. Das ist wissenschaftlich erwiesen …

Den Bedürfnissen gerecht

Der Hirnforscher Prof. Gerald Hüther und der Unternehmenskultur-Berater Prof. Jan Teunen sagen zum Beispiel in ihrem gemeinsamen Artikel „Raum Gehirn Schönheit“: „Wer daran interessiert ist, dass Menschen Arbeit motiviert verrichten, muss Arbeitsräume schaffen, die den emotionalen, physischen und geistigen Bedürfnissen der arbeitenden Menschen gerecht werden.“

In diesem Essay haben wir übrigens unsere praktischen Erkenntnisse über den *Code für kreative Räume* von wissenschaftlicher Seite bestätigt gefunden.

Und noch ein weiterer anerkannter Theoretiker untermauert, was wir mit der Dimension der *Unperfekten Lebendigkeit* meinen: Christopher Alexander, US-amerikanischer Architekturtheoretiker, sagt: „Menschen spüren eine Resonanz der Lebendigkeit in einem Raum.“

Er bringt es auf den Punkt: Der Mensch nimmt über alle seine Sinne Architektur wahr und entscheidet intuitiv, ob ihn der Raum anregt oder das Gegenteil bewirkt.

Und wir alle arbeiten effektiver, positiver, produktiver und innovativer in Räumen, die uns ansprechen anstatt abstoßen. Das gilt auch für Büros!

Diese Lebendigkeit ist das Gegenteil von reiner Funktionalität, Monotonie – und auch von Perfektion. Alles, was fertig ist, was nicht mehr verändert werden darf, was als unumstößlich gilt, lässt keine Lebendigkeit mehr zu. Das gilt auch dann, wenn der aktuelle Zustand von außen perfekt aussieht. Gerade dann!

Möchten Sie, dass Ihre Mitarbeiter lebendige Kreativität entfalten, geben Sie ihnen lebendige Räume.

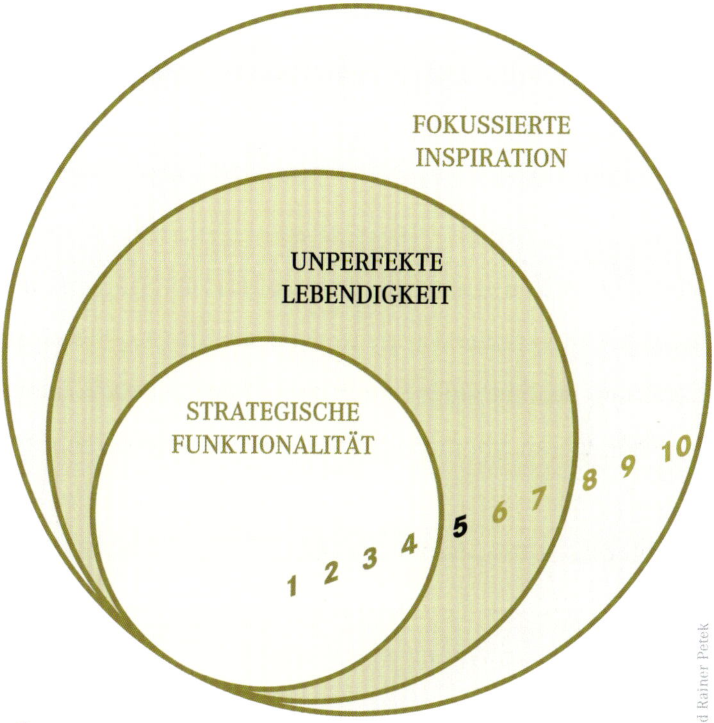

Abbildung 2:
DER CODE FÜR KREATIVE RÄUME:
Die Unperfekte Lebendigkeit baut auf der Strategischen Funktionalität auf.

© Irene Graf und Rainer Petek

Wie diese Lebendigkeit zustande kommt, haben wir an vielen Beispielen vor Ort erlebt: Als eines der eindrücklichsten ist uns eine Bemerkung von Aaron Harvey, dem Chef-Architekten von Airbnb, im Gedächtnis geblieben.

Die vierte Stelle

Er äußerte seine Bemerkung ganz beiläufig. Sie betraf auch nur ein winziges Detail – und war doch so bezeichnend.

Wir waren schon fast am Ende unserer Privatführung durch das Gebäude angelangt. Aaron Harvey wollte uns nur noch einen der Projekträume zeigen. Auf dem Weg dorthin passierten wir eine der vielen gemütlichen Sitzecken, in der auch ein Tischkicker stand.

Im Vorbeigehen sagte Aaron dazu: „Der steht jetzt schon an der vierten Stelle – jetzt steht er richtig."

Wir schauen uns an und nicken: Ja, das war es. Lebendigkeit entsteht auch dadurch, dass die Gestaltung nicht am Reißbrett, sondern schrittweise entsteht. Durch Ausprobieren, Umstellen und Nachbessern, bis es passt. Und wenn es nicht mehr passt, wird es eben wieder verändert.

Mit den folgenden drei Geboten können Sie bei sich für diese Atmosphäre der *Unperfekten Lebendigkei*t sorgen, die Ihre Mitarbeiter kreativer und produktiver arbeiten lassen.

KREATIVES CHAOS

5. GEBOT >

Wenn Sie bei Facebook in die Büros schauen, sehen Sie kein aufgeräumtes, gestyltes Ambiente, an dem alles seinen vorbestimmten Platz hat: Da stellt sich das eine Team eine große Pinnwand in die Mitte, auf dem es mit bunten Post-its seine Ideen festhält. Ein Mitarbeiter hat einen verrückten Korb für seinen Krimskrams auf dem Schreibtisch. Ein weiterer hat sich heute einen der bunten Sitzsäcke aus der Besprechungszone geschnappt und neben seinen Tisch platziert. Und ein dritter hat sich eine Palme aufgestellt und lässt eine Hawaii-Kette daran herunterbaumeln.

Anderes Beispiel: Bei Google steht an exponierter Stelle eine alte Telefonzelle. Als wir nachfragten, wer vom Einrichtungsteam sich diesen Gag ausgedacht hat, antwortete uns der Mitarbeiter lachend: „Keiner. Ein Kollege hat das Ding auf ebay entdeckt. Er fand die Zelle einfach cool und dachte, sie würde hier hinpassen. Also hat er sie gekauft und hier aufgestellt."

Monotoniebrecher

Was die Büros im Silicon Valley kennzeichnet: Die Mitarbeiter dürfen Einfluss nehmen. Es gibt nicht ein Konzept im Sinne der

Corporate Identitiy, das umgesetzt wird und damit ist es fertig. Die vorgegebene Ordnung darf gestört werden.

Die Mitarbeiter dürfen ihre Ideen dazu tun, sie dürfen sich und damit das Leben hineinbringen. Sie handeln damit ganz gemäß unseres fünften Gebotes:

> Schaffe Lebendigkeit durch Unperfektheit.
>
> **5. GEBOT**

Individualität ist ein Kennzeichen von Lebendigkeit, denn sie durchbricht die Monotonie.

So, und nun denken Sie an die Büros in deutschen Unternehmen, in denen eine möglichst perfekte Einheitlichkeit erwünscht ist. Störungen durch Dinge oder Pflanzen, die die Mitarbeiter mitbringen, sind dagegen unerwünscht. Auf solchen Flächen steht zwar hier und da auch eine dekorative Grünpflanze. Die wird aber von der Firma gestellt und darf von den Mitarbeitern nicht mal gegossen werden.

Dafür sind die Leute von der externen Facility-Management-Firma zuständig, von der die Pflanze geleast ist.

Die gleichen Unternehmen bieten ihren Mitarbeitern zwar Seminare an wie „Finden Sie die Balance wieder“ oder „Wie Sie mit Ernährung fit werden“, damit diese ihr Leben besser gestalten können. Doch gleichzeitig verbieten sie ihren Mitarbeitern, ihr Lebensumfeld Büro selbst zu gestalten. So voller Widersprüche ist unsere Unternehmenswelt!

Der individuelle Beitrag der Mitarbeiter ist jedoch nicht das einzige Element, das die Lebendigkeit in die Büros bringt. Ein Beispiel für ein weiteres Merkmal begegnete Rainer, als er vor der Apple-Cafeteria auf Kelli Richards wartete.

Come as you are

Kelli Richards war eine der persönlichen Mentees von Steve Jobs und ist heute noch als Beraterin für Apple tätig. Deshalb hatte sich Rainer um ein Treffen bemüht und er bekam von ihr auch viele hochinteressante Einblicke.

Während er also auf der Cafeteria-Freifläche auf sie wartete, betrachtete er die Kombinationen aus niedrigen Tischen aus Holz und Stühlen mit gemütlichen Polsterauflagen, die dort bereitstehen.

Das verwendete Holz wirkt sehr edel. Doch weil es gleichzeitig rau aussieht, hatte nicht einmal Rainer als Gast Scheu, wie viele andere auch, die Füße auf den Tisch zu legen. Bei dem Anblick wird Ihnen nämlich sofort klar: So ist das gedacht. Von diesem Tisch wird nicht gegessen, da stellen Sie höchstens Ihre Kaffeetasse darauf ab. Das Material und die Gestaltung sind die pure Einladung zur Lässigkeit.

Wäre das Holz hochglanzpoliert statt rau, würden sich alle mit einer viel steiferen Körperhaltung hier niederlassen. So dagegen weiß jeder: Hier geht es nicht darum, dass du die Konventionen einhältst, hier geht es um den Beitrag, den du leistest.

Die Verwendung von unperfekt wirkenden Materialien hat im Silicon Valley überhaupt Methode.

Noch lange nicht fertig

So sind zum Beispiel die Arbeitskojen bei Airbnb, von denen wir schon sprachen, aus Seekiefer gebaut. Vielleicht haben Sie vor Augen, wie solche Spanplatten aussehen: Die groben, verklebten Holzstücke sind gut zu sehen. Die Oberfläche ist zwar geschliffen, damit Sie sich, wenn Sie mit den Fingern darüberstreichen, keinen Schiefer einziehen. Optisch aber wirkt es rau. Der Eindruck eines fertigen Einrichtungsgegenstands entsteht garantiert nicht.

Das sieht nicht nur unkonventionell aus, sondern hat auch einen tieferen Sinn. Es geht darum, allen Mitarbeitern zu signalisieren: Hey, wir haben zwar großen Erfolg, aber wir sind noch lange nicht fertig. Wir haben uns hier nicht für die Ewigkeit eingerichtet, um uns auf unseren Lorbeeren auszuruhen, sondern wir haben noch viel zu tun. Wir müssen an uns arbeiten!

Wenn Sie offenen Auges durch das Silicon Valley gehen, werden Ihnen aus dem gleichen Grund überall unfertig wirkende Materialien statt Hochglanzoberflächen begegnen: Hier will keiner vermitteln, dass er es geschafft hat und nur noch seinen Erfolg verwaltet. Hier geht es immer weiter!

Für die *Unperfekte Lebendigkeit* in den Büros haben wir viele weitere Beispiele gesehen; ein besonders einladendes wiederum bei Airbnb.

Berührungsängste: Nein, danke

„Seht ihr da drüben die Sitzlandschaft?“ fragte Aaron Harvey bei unserem Rundgang. Unsere Augen wanderten über aus Seekieferplatten zusammengeschraubte viereckige Holzstufen.

Diese Stufen sind mit grünen Grasteppichen beklebt, so dass sie wie Hügel aussehen. Darauf sind jede Menge bunte Kissen, Polster, Parksessel und Sitzsäcke verteilt. Diese liegen nicht, wie im Schaufenster eines Möbelladens, akkurat aufgeschüttelt und ausgerichtet da, sondern ein bisschen durcheinander, ein bisschen eingedrückt. Einfach lebendig.

„Damit haben wir die Landschaft rund um San Francisco nachgebaut und so unsere schöne Umgebung in die Räume geholt.“, sagte Aaron stolz. „Da mag man sich gerne hinsetzen, nicht?“

Wir nickten.

Denn so war es: Wir hätten sofort Lust gehabt, uns dort niederzulassen.

So eine nicht sehr aufgeräumte, kreative Fläche lädt dazu ein, sich hineinzubegeben. Und die Mitarbeiter trauen sich das auch, denn die Oberflächen und die Gestaltung sagen ihnen: Hier geht es entspannt zu. Stünde hier eine edle Sitzlandschaft mit Polstermöbeln eines namhaften Designers, würde jeder sich fragen: „Darf ich mich hier überhaupt hinsetzen und geschweige denn so, wie ich will?“

Wenn etwas lebendig ist, haben Sie keine Berührungsängste damit, denn Sie dürfen so sein, wie Sie sind. Und noch etwas kommt zum Ausdruck mit dieser Lebendigkeit: Hier ist Originalität erwünscht und nicht verpönt.

In Unternehmen im deutschen Sprachraum beobachten wir allerdings noch vielerorts eine unterschwellige Angst vor dieser Originalität und Individualität.

Kreativitätsrisiken

Die Verantwortlichen befürchten, dass – wenn jeder macht, was er will – das Chaos ausbricht, dass der Betriebsrat schimpft und die Arbeitsaufsicht auf der Matte steht.

Ja, Sie müssen sich ein Stück weit darauf einlassen, dass Sie nicht im Voraus planen können, was in den Räumen im Detail entsteht. Doch die Frage ist: Wollen Sie die Kreativität und die Innovationskraft der Mitarbeiter oder nicht? Wenn Sie sie wollen, müssen Sie sie auch aushalten.

Ein kompletter Wildwuchs wird sowieso nicht entstehen, wenn Sie Ihren Mitarbeitern immer wieder vermitteln können, was die Strategie des Unternehmens ist, worum es geht. Auch damit, dass Sie sich die richtigen Leute suchen und Ihre Unternehmenswerte hochhalten, stellen Sie sicher, dass sich nichts Unerwünschtes entwickelt. Und falls doch der ein oder andere über das Ziel hinausschießt, können Sie immer noch intervenieren.

Nur mit Blick auf das Risiko alle Kreativität und Eigeninitiative zu verhindern oder zu sagen: „Den einen Aspekt der Kreativität wollen wir, den anderen aber nicht“ – das wird nicht funktionieren.

Kreativität extrem

Je mehr Kreativität Sie brauchen, desto mehr scheinbares Chaos darf auch sein. Die Stanford d.school als die Wiege der Design-Thinking-Methode schickt ihre Studenten in die „extreme studios". Dort sollen sie an den großen Zukunftsproblemen der Menschheit arbeiten, wie zum Beispiel der Trinkwasserversorgung in Wüstengebieten.

Diese Studios besitzen kompletten Werkstatt- und Ateliercharakter: verschiedenste Tische, Hocker, Sessel und Bürostühle auf Rollen; mit Arbeitsmaterialien vollgestopfte Regale; diverse Baumaterialen an die Wand gelehnt; durch das Gebälk an der Decke geschlängelt diverse Kabel; irgendwo hängt ein Monitor an der Wand; daneben baumelt eine Hängematte. Auf den ersten Blick sieht es nach Chaos pur aus. Doch das heißt nicht, dass es hier keine Ordnung gibt – nur eben keine, die der Chef vorgegeben hat.

Das Signal ist eindeutig: Hier wird gearbeitet! Hier geht die Post ab!

BÜRO-DSCHUNGEL

6. GEBOT >

Von oben sieht es aus wie ein gigantischer Ring und wurde schon oft mit der Raumstation aus dem Stanley-Kubrick-Film „2001 Odyssee im Weltraum“ verglichen. Doch von der Straße aus werden Sie das Gebäude schon in wenigen Jahren kaum noch sehen: Es wird fast komplett hinter Bäumen verschwunden sein. Und das war auch der Plan von Steve Jobs, als er seine neue Firmenzentrale in Cupertino entwarf. Das riesige Gebäude, in dem 13.000 Menschen ihren Arbeitsplatz finden, sollte in die Natur eingebettet werden, anstatt sie zu verdrängen.

Für Steve Jobs war die kalifornische Landschaft mit ihrer hügeligen Weite eine solche Inspiration, dass er die Vision hatte, sie in sein Unternehmen hinein zu holen. Er wollte dieses kraftspendende Moment auch seinen Mitarbeitern zuteilwerden lassen. Dementsprechend rückt die Architektur des 2019 offiziell eingeweihten Apple Campus 2 die Natur in den Mittelpunkt.

Auf dem riesigen Parkareal auf der stadtteilgroßen Fläche wurden ausschließlich heimische Bäume gepflanzt. Diese sage und schreibe 9.000 Bäume säumen nicht einfach nur nett die Zufahrten, sondern dominieren den Anblick, bilden Wäldchen und Lichtungen. Die leicht hügelige, kalifornische Landschaft wurde eindrucksvoll und aufwändig durch ein bewegtes Relief im gesamten Park wiedergegeben.

Bevor Apple das Areal aufkaufte, lag der Anteil der unbebauten zur bebauten Fläche dort bei 20 zu 80. Das Unternehmen hat diese Verteilung umgedreht: Heute sind 80 Prozent der Fläche vom Park bedeckt.

Drinnen und draußen

Wir waren zweimal vor Ort. Beim ersten Mal konnten wir den Park in seiner Entstehung verfolgen – das war sehr beeindruckend, wie viel Wert Apple darauf legte, die Umgebung natürlich und gleichzeitig so anzulegen, dass die Mitarbeiter ihn annehmen und nutzen können. Sie sollten darin joggen gehen, ihre Mittagspause verbringen, sich entspannen können. Jeder, der hier zur Arbeit geht, erlebt ihn morgens und abends auf dem Weg zu oder von seinem Büro, denn der Zugang zum Gebäude erfolgt immer durch diesen Park.

Und auch in das Gebäude sollte die Natur wirken: Über die Fassaden mit den größten gebogenen Glasflächen der Welt haben Sie von allen Büros aus Blickkontakt zum Park.

In der ebenso lichtdurchfluteten Cafeteria wachsen echte Bäume aus großen Pflanzgefäßen, zu ihren Füßen Farne – wie im angrenzenden Wald auch. Die Grenze zwischen Drinnen und Draußen ist aufgehoben. Die Wirkung ist phänomenal: Sie haben das Gefühl, Ihr Mittagessen auf einer Lichtung irgendwo weit draußen zu verspeisen und nicht in einer Firmenkantine.

Apples Headquarter verwirklicht in vieler Hinsicht vorbildlich das, was wir als das sechste Gebot für kreative Räume bezeichnen:

> Schaffe Lebendigkeit durch Natur, Pflanzen, Licht und Luft.
>
> **6. GEBOT**

Natur wirkt

Der Einfluss von Natur lässt den Menschen effektiver und kreativer arbeiten, auch weil er sich in einer natürlich geprägten Umgebung besser regenerieren kann.

Diese Natur erfährt er zum Beispiel über den Anblick von Pflanzen. Wissenschaftliche Studien haben bestätigt, dass allein der Farbton Grün in all seinen Schattierungen einen Erholungseffekt hat.

Aber auch die Verwendung von Holz und anderen natürlichen Materialien sorgt für eine natürliche Atmosphäre. Menschen fühlen sich darin einfach wohler. Vergleichen Sie selbst: Worauf legen Sie Ihre Unterarme beim Schreiben auf einer Tastatur oder im Gespräch lieber ab – auf einer warmen Holzoberfläche oder auf einer glatten, kalten Kunststofffläche?

Eine viel größere Wirkung, als uns bewusst ist, entfalten die Lichtverhältnisse in Räumen. Christopher Alexander, der Architekturtheoretiker, hat zum Beispiel herausgefunden, dass in Räumen, in denen natürliches Licht von zwei Seiten fällt, Gespräche vertrauensvoller ablaufen als unter ungünstigeren Lichtverhältnissen. Das hat damit zu tun, dass Sie die Mimik Ihres Gesprächspartners besser einschätzen können, wenn dessen Gesicht von zwei Seiten beleuchtet wird.

Ähnlich wenig bewusst ist das Thema Luft in vielen Unternehmen. Gerade in den letzten Jahren sind topmoderne Bürokomplexe mit großen Glasfassaden entstanden, die toll aussehen.

Für die Mitarbeiter aber ist diese Schönheit kaum aushaltbar, denn die Versorgung mit Frischluft wurde sträflich vernachlässigt. In vielen dieser optisch herausragenden Gebäuden können sich die Mitarbeiter nicht einmal mehr selbst behelfen: Es gibt keine Fenster, die sich individuell öffnen lassen.

Beachten Sie das sechste Gebot, damit „Natur und Kultur, Denken und Fühlen, Wollen und Tun sich im Menschen zu Kohärenz und Wohlbefinden verbinden“ können – wie es Hirnforscher Gerald Hüther und Unternehmenskultur-Berater Jan Teunen ausdrücken. Das macht Ihre Mitarbeiter engagierter, motivierter und kreativer.

Sie müssen dafür nicht gleich die ganz große Nummer ziehen wie Apple ...

Weg frei für Natur

Auch ohne einen aufwändigen Um- oder Neubau können Sie Natur in Form von Licht, Luft und Pflanzen in Ihre Büros integrieren und so das energiespendende Moment hereinholen, um das es auch Steve Jobs ging.

Viele Verbesserungen lassen sich ohne großen Invest erreichen. Für die Innovations-Garage einer IT-Spezial-Einheit eines Baukonzerns zum Beispiel hatte Irene eine Idee. Da der Raum im Souterrain lag, verfügte er nicht über natürliches Licht. Die Lösung: Im Eingangsbereich die konventionelle, geschlossene Tür durch eine Glastür ersetzen, um Tageslicht in den Raum hineinzulassen und die Wand oberhalb der Raumtür bis zur hohen Decke hinauf ebenfalls mit Glas zu öffnen und durch ein Lichtband zu ersetzen. Eine kleine Maßnahme mit großer Wirkung.

In Sachen Licht, Luft und Pflanzen steckt in kleinen Veränderungen viel Potenzial. Dazu gibt es inzwischen viele innovative Angebote: Haben Sie zum Beispiel keine Stellfläche für große Pflanzen, können Sie mit Wandsystemen arbeiten, in die die Pflanzen eingelassen werden. Entsprechende Akzente zu setzen, ist praktisch überall möglich. Sie müssen es nur tun.

Das gilt ganz ähnlich für das nächste Gebot, das die Dimension der *Unperfekten Lebendigkeit* vervollständigt.

DENKMAL-SCHUTZ

7. GEBOT >

Viele europäische Unternehmen besitzen einen großen Schatz, doch sie nutzen ihn nicht. Der Grund: Sie sind sich seines Wertes nicht bewusst.

So wie Ford

„Auf denen wurden die einzelnen Fahrzeuge der *Model-T-Reihe* Stück für Stück vorangeschoben.“, erklärt uns Doug Younger und deutet auf die Reste der eingelassenen Schienen auf dem Boden.

„Und hier, gleich daneben war der Platz für die Arbeiter. Jeder blieb an seinem Fleck stehen, während das Fließband sich bewegte. So hat jeder Einzelne seine Spuren hinterlassen.“, ergänzt er lächelnd.

Wir betrachten fast ehrfürchtig die leichte Vertiefung in dem dunkel schimmernden Industrieboden. Sehr eindrucksvoll.

„Wir können uns heute kaum noch vorstellen,“, sagt Doug gerade, „was das für eine Revolution bedeutete: Auf einmal konnten sich ganz normale Menschen ein Auto leisten. Genau deshalb haben wir uns diesen Ort als Firmensitz herausgesucht.“

Denn wir befinden uns nicht in einem Museum, sondern im Gebäude der Firma Ekso Bionics, und Doug ist kein Industriehistoriker, sondern Global Marketing Director dieses Unternehmens. Die Firma entwickelt Exoskelettlösungen, mit deren Hilfe Querschnittsgelähmte den Rollstuhl verlassen und sich wieder auf ihren eigenen Beinen fortbewegen können.

Das Unternehmen hat sich in Richmond in der San Francisco Bay angesiedelt. Sie haben sich gezielt in ehemaligen Ford-Werkshallen einquartiert, in denen damals die Massenproduktion in der Automobilindustrie aus der Taufe gehoben wurde. Ekso Bionics sagt von sich, dass sie mit ihren Exoskeletten für den querschnittgelähmten Teil der Weltbevölkerung das sein wollen, was Ford mit dem *Model-T* seinerzeit für die Mobilität der Massen war.

Deshalb haben sie auch in den alten Hallen vieles so belassen, wie es war: Wenn Sie dort durchlaufen, sehen Sie zum Beispiel noch die alten Träger und Leitungen. Der Original-Hallenboden wurde nicht ausgetauscht, sondern nur poliert und lackiert. Dort, wo neue Wände notwendig waren, hat Ekso Bionics welche aus Glas eingesetzt, um das Gesamtbild so wenig wie möglich zu verändern. Das sieht einfach sensationell aus – und die Geschichte des Gebäudes bleibt eins zu eins erfahrbar.

So kann diese junge, innovative Firma ihre Geschichte bewusst auf der Geschichte eines anderen Unternehmens aufbauen.

Teil von etwas Größerem

Lebendigkeit entsteht nicht nur aus der Veränderung im Hier und Jetzt, sondern auch in der Verankerung in dem, was war und was bleibt: der Geschichte. Sie schafft die Grundlage für Identität.

Denn Menschen möchten sich gerne in einen Strom von Ereignissen einordnen und als Teil von etwas Größerem fühlen. Das gibt ihnen Sicherheit und Bedeutung. Und es setzt in ihnen besondere Kräfte frei. Geschichte ist so etwas Größeres, sie schafft Zugehörigkeit.

Verknüpfen Sie die Vision Ihres Unternehmens mit sichtbarer Geschichte, zapfen Sie für Ihre Mitarbeiter zusätzliche Energiequellen an.

Räume können Geschichte hervorragend transportieren, deshalb ist für uns das siebte Gebot:

> **Schaffe Lebendigkeit durch Sichtbarkeit von Identität und Historie.**
>
> **7. GEBOT**

Sehr viele europäische Unternehmen verfügen im Gegensatz zu den meisten im Silicon Valley über eine eigene Geschichte, die sie viel mehr nutzen könnten, als sie es heute tun. Denn nur weil Sie auf ein modernes Arbeits- und Raumkonzept setzen wollen, müssen Sie noch lange nicht alles Alte über Bord werfen. Im Gegenteil.

Diese Geschichte und diese Energie können Sie selbst dann bewahren und nutzen, wenn Sie in ein neues Gebäude umziehen wollen oder müssen. Einer unserer Kunden war zum Beispiel gerade in einen piekfeinen Neubau eingezogen, als wir dem Team unter anderem dieses siebte Gebot vorstellten.

Tür und Tor

Erst wurde es ganz still im Raum, denn was wir sagten, leuchtete allen ein. Schließlich bemerkte einer: „Hmm. Damit, die Geschichte sichtbar zu machen, tun wir uns hier leider schwer."

Alle nickten. Ja, im alten Gebäude waren jede Menge Spuren der Vergangenheit zu finden. Aber in diesen extrem schicken Räumen, in denen es noch nach Farbe roch und kein Kratzer die Perfektion störte?

Doch dann schnipste ein anderer mit den Fingern und sagte: „Moment mal! Unsere alte Zentrale soll zwar in Kürze abgerissen werden, aber noch steht sie. Wie wäre es denn, wenn wir uns für unsere Ideen-Garage noch schnell ein Original-Garagentor aus dem alten Haus sichern?" Und die einhellige Antwort des Teams lautete: „Wow, coole Idee! Das machen wir."

Tatsächlich gelang es ihnen, ein solches Tor zu ergattern. Heute steht es als Raumteiler in diesem Projektraum und öffnet die Tür zur Geschichte des Unternehmens.

Oft bedarf es keinen großen Invests, das siebte Gebot umzusetzen – Sie müssen nur daran denken.

An vielen Stellen im Unternehmen entsteht die Lebendigkeit schon allein dadurch, dass Sie sie entstehen lassen. Indem Sie zulassen, dass die Individualität der Mitarbeiter und die Identität Ihres Unternehmens sichtbar gemacht wird anstatt versteckt zu werden. Das hat mehr mit Offenheit in der Haltung als mit erheblichen Umbauten zu tun. Aber mit der entsprechenden Raumgestaltung können Sie diese Offenheit deutlich fördern. Diese lebendige Offenheit wirkt auch ansteckend. Wahrscheinlich finden Sie sie deshalb im Silicon Valley überall.

Doug Younger von Ekso Bionics ist ein gutes Beispiel dafür: Als Rainer ihn kennenlernte, war er noch bei Siemens Healthcare in Sunnyvale, Kalifornien. Und weil Rainer sich schon seit ein paar Jahren mit dem auseinandersetzt, was den Erfolg des Silicon Valley ausmacht, nutzte er die Chance, mit diesem erfahrenen Marketing-Menschen darüber zu reden. Doug gab ihm ganz offen über alles Auskunft. So kamen sie auf tausend Themen, unter anderem das Tiefschnee-Fahren und die Ähnlichkeiten, die Rainer aus seiner Erfahrung mit Unternehmensstrategien sah.

Am Ende des Gesprächs stellte Doug Rainer eine überraschende Frage: „Hey, würdest du mich coachen?“

Rainer fiel aus allen Wolken: Der Mann, den er über zwei Stunden über das Silicon Valley ausgefragt hatte, wollte ihn als Coach engagieren. Also fragte er zurück: „Wie kommst du darauf, dass ich dir helfen kann?“

Doug lachte und antwortete: „Because you are so different. – Weil du so anders bist.“ Das ist lebendige Offenheit à la Silicon Valley: Das, was anders ist, macht keine Angst, sondern neugierig.

Die Haltung finden Sie auch im Umgang mit Ideen wieder: Wenn Sie dort eine Idee schildern, können Sie davon ausgehen, dass Sie eine Unterstützung oder einen guten Gedanken dazu bekommen. Wenn Sie das bei uns tun, bekommen Sie in der Regel höchstens den Kommentar: „Das wird eh nicht funktionieren.“ Im Silicon Valley ist der Geist des offenen Austauschs allgegenwärtig. So sind viele Mitarbeiter von Unternehmen, die sich am Markt beinhart bekämpfen, Mitglieder der SFVRC, der San-Francisco-Virtual-Reality-Community. Diese halten regelmäßig Meet-ups, in denen sie gemeinsam in unternehmensübergreifenden Gruppen darüber nachdenken, was man mit neuen Technologien alles tun kann.

Damit kein Missverständnis entsteht: Wir wollen mit diesem Buch kein kritikloses Loblied auf das Silicon Valley singen, alles gutheißen, was dort passiert, und Ihnen so eine Blaupause für Ihr Unternehmen ans Herz legen. Eine 1:1-Kopie würde darüber hinaus ohnehin nicht funktionieren. Aber neben den vielfältigen Impulsen zum Thema Raumkonzepte ist auch dieser sorgsame und unterstützende Umgang mit neuen oder vielleicht sogar erst im Entstehen begriffenen Gedanken etwas, was wir Europäer uns von den Leuten im Valley abschauen können: eine Offenheit im Austausch, die neue Ideen und in weiterer Folge Innovation ermöglicht. Und Ihre Räume können diese Offenheit unterstützen.

Und dann fehlt Ihnen nur noch eine Dimension, um das Potenzial des *Codes für kreative Räume* voll auszuschöpfen ...

THE ONLY WAY
TO DO IT
IS TO
DO
IT.

TEIL 3:

WEIL NEUE IDEEN RAUM BRAUCHEN

Innovationen sind in den meisten Unternehmen DAS Thema. Selbst wenn es nicht um die revolutionäre Neuerfindung geht, sondern um den einen Schritt, mit dem sie sich von ihren Mitbewerbern absetzen und weiterhin gute Preise erzielen können: Die Firmen sind auf die Kreativität ihrer Mitarbeiter angewiesen.

Doch Kreativität fällt nicht vom Himmel. Sie braucht bestimmte Rahmenbedingungen und sie braucht Inspiration. Und beides lässt sich durch Raum schaffen.

Das hat uns auch Robert Cialdini, ein anerkannter Wissenschaftler und Bestsellerautor zum Thema Psychologie und Überzeugungskraft, bestätigt.

Unter Professoren

Wir trafen ihn in Denver. Wir sprachen unter anderem über sein neues Buch und er erzählte uns dazu folgende Geschichte:

„Zunächst schrieb ich dieses Buch an zwei verschiedenen Orten: Mal saß ich dafür in meinem Professoren-Büro in der Universität, das voll ist mit wissenschaftlichen Büchern. Wenn jemand vorbei kam, waren es Studenten oder andere Professoren. Ich arbeitete aber auch in meinem Büro in der Stadt. Mein Blick dort geht direkt auf die belebte Fußgängerzone von Tempe, Arizona hinaus.

Nach einiger Zeit fiel mir auf: Die Texte, die ich in meinem Stadtbüro schrieb, waren wesentlich besser, wesentlich praxisnäher und auf dem Punkt, als die Texte, die ich in der Universität verfasst hatte. Daraus habe ich für mich einen wichtigen Schluss gezogen, was ich für die inspirierte Arbeit an meinem Buch brauche."

Er lachte uns an, als er unsere gespannten Gesichter sah, und sagte: „Surround yourself with cues! – Umgib dich mit Hinweisen!" Na klar!

Daraufhin fiel Rainer sofort eine andere Geschichte ein, die er vor Jahren erlebt hatte.

Inmitten der Geschmäcker

Damals war er für ein Interview bei einem der bekanntesten Chocolatiers Österreichs zu Gast: bei Sepp Zotter. Als er dessen Büro betrat, das oberhalb der Produktion lag, fiel ihm als erstes das große Fenster auf. Es gab den Blick frei auf die Fertigung. Von hier aus konnte der Firmenchef die gesamte Halle übersehen.

„Ich bin in ständiger Verbindung mit dem, was da unten passiert.“, sagte Sepp Zotter, als er sah, wie interessiert Rainer die Raumanlage betrachtete. „Aber es geht mir nicht um Kontrolle, ich brauche einfach das Gefühl, mittendrin zu sein.“

Das Büro selbst war klein und das genaue Gegenteil zu der peniblen, klinischen Ordnung dort unten: Es herrschte kreatives Chaos. Besonders auffällig war das große Regal, das die Wand hinter Sepp Zotter füllte. Darin standen und lagen eine Unmenge an Gewürzen und Pulvern scheinbar wild durcheinander.

Am Ende des Interviews – es ging übrigens um ganz etwas anderes als Räume – konnte Rainer sich in seiner Neugier nicht zurückhalten und fragte mit Blick auf das Regal: „Stellen Sie hier auch Ihre neuen Schokoladen-Kreationen zusammen?“

Sepp Zotter lachte herzlich: „Nein, gar nicht. Aber ich brauche dieses ganze Zeug hier vor Augen. Das inspiriert mich und bringt mich auf neue Gedanken.“

Ganz klar: Surround yourself with cues.

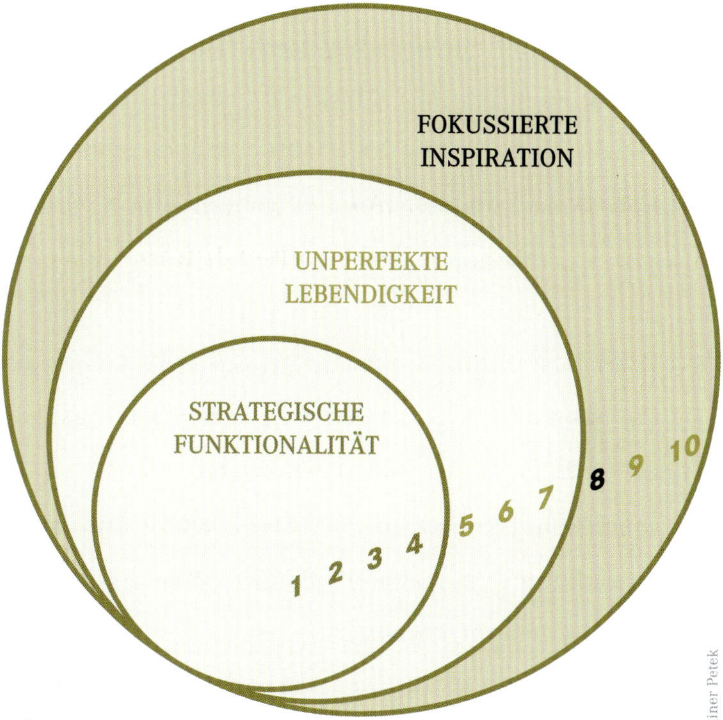

Abbildung 3:
DER CODE FÜR KREATIVE RÄUME:
Mit Fokussierter Inspiration lassen sich die Wirkungen der anderen beiden Dimensionen nochmals verstärken.

© Irene Graf und Rainer Petek

Die Dimension der Fokussierten Inspiration

Wenn Sie Ihre Flächen nach der *Strategischen Funktionalität* gestaltet haben und sie mit *Unperfekter Lebendigkeit* ausgestattet haben, wenden Sie sich der dritten und letzten Dimension zu: der *Fokussierten Inspiration*. Sie sagt Ihnen, was Sie tun können, damit Ihr Arbeitsumfeld Sie und Ihre Mitarbeiter auf gute Gedanken bringt und Sie daran erinnert, um was es wirklich geht: um Ihre Kunden und Ihre Mission.

In dieser Dimension arbeiten Sie vorrangig mit Symbolen und Hinweisen. Dafür genügen häufig kleine Mittel. Mit einem kleinen Invest können Sie hier noch einmal einen großen Unterschied machen – die Herausforderung ist dabei nur, dass Sie daran denken.

Wir sehen diese Dimension als Erweiterung und Öffnung der beiden anderen Dimensionen. Es gibt jedoch Firmen, die das Pferd von hinten aufzäumen ...

Zu einfach

Solche Unternehmen greifen sich aus dem *Code für kreative Räume* gezielt Maßnahmen der *Fokussierten Inspiration* heraus und erhoffen sich davon große Wirkung. Die Verführung ist ja auch groß: Es ist sowohl einfacher als auch kostengünstiger, nicht bei den Raumtypen und der Lebendigkeit anzusetzen und schon gar nicht bei der Unternehmenskultur, sondern sich darauf zu beschränken, schicke Accessoires anzuschaffen. Eine Sitzlandschaft im Eingangsbereich, Fotos von prämierten Mitarbeiterprojekten an den Wänden und eine bunt angemalte Säule in der Kantine machen gleich etwas her.

Doch Vorsicht, denn hier droht die Todsünde dieser Dimension:

Diskrepanz zwischen Ideal und Realität

Motivationssprüche an den Wänden in einer demotivierenden Gesamtatmosphäre; ein Tischkicker in einer Umgebung, in der jedes private Wort verpönt ist; Tischkärtchen mit der Aufforderung, wertschätzend miteinander zu kommunizieren, in einem Meeting, bei dem die Führungskraft einen Mitarbeiter wieder mal zur Schnecke macht – solche Gestaltungsmaßnahmen führen statt zu den gewünschten Ergebnissen nur zu Zynismus unter den Mitarbeitern.

TODSÜNDE

Diese Dimension kann ihre Wirkung nur entfalten, wenn Sie die beiden ersten Dimensionen gut berücksichtigt haben – dann aber ist ihre Kraft umso größer.

SCHAFFE EINEN SPIELPLATZ

8. GEBOT >

Bei praktisch allen Firmen im Silicon Valley, die wir besucht haben, haben wir Einrichtungsgegenstände verrückter Art gesehen. Dabei ist uns etwas aufgefallen: Die vordergründige Vermutung, dass diese ausgefallenen Gegenstände nur der „Show“ oder der Auslage dienen und das Unternehmen nach außen als hip und modern aussehen lassen sollen, ist falsch. Wir haben im Gegenteil festgestellt: Die Firmen senden ihren Mitarbeitern damit mächtige Botschaften.

Diese Botschaften werden oft erst auf den zweiten Blick und auch erst in der Gesamtheit wirksam, dann aber um so intensiver. Jedes einzelne Element für sich macht noch keinen Unterschied. Aber wenn bei Google verrückte Möbel auf verrückte Räume und jede Menge spielerische Elemente treffen, entsteht ein Gesamteindruck, der den Mitarbeitern signalisiert: Hey, Verrücktes gehört bei uns dazu, es ist okay, hier schräg zu denken.

So verrückt es klingt: Eine solche Botschaft vermittelt Mitarbeitern Sicherheit ...

Im Klettergarten

Google hat vor längerer Zeit eine Studie durchgeführt, was Teams kreativ macht. Ergebnis: Kreativ kann sein, wer Sicherheit einer ganz bestimmten Art hat. Diese besteht nicht in „Ich verliere meinen Arbeitsplatz sicher nicht“ oder „Das Unternehmen kann sicher mein Gehalt zahlen“ oder „Meine Arbeit ist sicher nicht gesundheitsgefährdend“. Es geht um eine psychologische Sicherheit: „Ich darf hier jeden Gedanken, jede Kritik, jede noch so verrückte Idee äußern, ohne Gefahr zu laufen, von Kollegen oder dem Chef sanktioniert, abgewertet oder lächerlich gemacht zu werden.“

Erst wenn dieses Sicherheitsgefühl besteht, können Mitarbeiter ihr kreatives Potenzial entfalten und Begeisterung entwickeln. Dann trauen sie sich, hemmungslos anders zu denken und mutig Neues zu wagen.

Rainer als ehemaliger Extremkletterer sagt dazu: Das ist wie beim Bergsteigen. Draußen am Berg probieren Sie nicht einfach so etwas aus, wenn Sie wissen, dass Sie dabei sterben könnten. Im Klettergarten dagegen fühlen Sie sich sicher: Dort trauen Sie sich, auch mal etwas Verrücktes zu tun, etwas zu tun, was unter anderen Umständen nicht erlaubt ist.

Sozial erlaubt

Diese spielerisch-sichere Atmosphäre zu schaffen, ist ein wesentlicher Erfolgsfaktor, wie Sie Kreativität in Ihrem Unternehmen gezielt stärken können. Denn damit geben Sie Ideen nicht nur physischen und zeitlichen, sondern auch „sozial erlaubten" Raum. Die Mitarbeiter müssen spüren: Ich DARF Zeit auf neue Ideen verwenden. Ich DARF verrückt sein und kühne Gedanken haben.

Diese soziale Erlaubnis können Sie mit Hilfe des achten Gebotes signalisieren.

> Schaffe eine Atmosphäre, in der sich die Leute sicher fühlen, kühne Ideen zu entwickeln und den Status quo herauszufordern.
>
> **8. GEBOT**

Viele der Unternehmen im Silicon-Valley realisieren dieses Gebot nicht nur mit der entsprechenden Führungskultur, sondern auch mit einer Fülle an Symbolen.

Ich geh' Schaukeln

Etwas ganz Verrücktes haben wir bei der Firma This is ground in Los Angeles gesehen, die High-Tech-Accessoires aus Leder herstellte.

Die hatten eine außergewöhnliche Schaukel aus Seilen und Leder mitten im Büro hängen. Der Chef sagte uns: „Wenn einer meiner Mitarbeiter eine kreative Blockade hat, möchte ich, dass er sich auf diese Schaukel setzt, sich eine Virtual-Reality-Brille überstülpt und so in einem ganz anderen Raum abtauchen kann. Das bringt ihn auf neue Ideen."

Das Schaukeln als Symbol für eine kindliche, zweckfreie Aktivität wird zum offiziellen Hilfsmittel für Kreativität erklärt. Wer auf der Schaukel sitzt, leistet wertvolle Arbeit. Schaukeln ist nicht nur erlaubt, sondern erwünscht.

Wahrscheinlich verbringen die Mitarbeiter nur einen verschwindend kleinen Teil ihrer Arbeitszeit tatsächlich auf dieser Schaukel, aber sie haben dieses Symbol immer vor Augen.

Ein ganz anderes Beispiel dafür, wie Sie die Kreativität unter Ihren Mitarbeitern „adeln" können, haben wir bei der Firma BombBomb in Colorado Springs gesehen.

Fantastisch

Dieses Software-Unternehmen hat – um seine Mitarbeiter zu motivieren und ihre Wertschätzung für gute Leistung zum Ausdruck zu bringen – das schönste Büro des Hauses zum „Awesome Office“ – zum „Fantastischen Büro“ erklärt. Dieser Name steht sogar in großen Lettern über der Tür.

Wer in diesem Awesome Office arbeiten darf, wird von Woche zu Woche neu bestimmt: Am Freitag wählen alle Kollegen den einen aus ihrer Reihe, der in der vorangehenden Woche die innovativste Idee gehabt hatte. Er darf dann von Montag bis Freitag dieses Office beziehen. Danach wird sein Foto zu denen der Vorgänger-„Owner“ gehängt – eine Art Hall of Fame entsteht.

Das Awesome Office ist wie eine ständige Aufforderung: Macht etwas Verrücktes, etwas Ungewöhnliches, etwas Neues – wir zeichnen das aus!

Wichtig ist vor allem anderen, dass das gewünschte Verhalten tatsächlich auch kulturell gewollt ist und nicht nur per Lippenbekenntnis gutgeheißen wird. Denn Sie können kaum eine größere Verunsicherung erzeugen, wenn Sie widersprüchliche Signale senden.

Stempelfrei

Ein Workshop-Teilnehmer erzählte uns aus dem Unternehmen, in dem er zuvor gearbeitet hatte, folgende Begebenheit:

Vor kurzem war eine größere Durchgangsfläche im Firmengebäude umgewidmet worden. Hier sollte Raum sein für informelle und spontane Gespräche. Sessel, Sofas und kleine Beistelltische waren aufgestellt worden.

Zwei Kollegen aus unterschiedlichen Abteilungen hatten sich zufällig an der Kaffeemaschine getroffen und waren auf einen gemeinsamen Kunden zu sprechen gekommen.

„Setzen wir uns doch kurz“, sagte der eine.

Und das taten sie dann auch: Jeder mit seiner Tasse in der Hand und bequem zurückgelehnt, tauschten sie sich aus. Sie dachten sich auch nichts, als einer der Abteilungsleiter vorbeiging.

Erst als er ihnen achtlos eine Bemerkung hinwarf, schreckten sie auf. Er fragte nämlich: „Na? Habt ihr ausgestempelt?“

Bis zum nächsten Morgen wussten alle Mitarbeiter der Firma: Lasst euch von den Sofas nicht täuschen, informelle Gespräche gelten hier immer noch als Privatvergnügen.

Ein Fall für die Marketing-Abteilung?

Wir begegnen bei unseren Beratungsgesprächen durchaus immer wieder diesem unterschwelligen Argwohn: Arbeiten die Mitarbeiter denn in einer solchen „Spielplatz-Atmosphäre" wirklich noch ernsthaft? Und warum sollen diese Spielereien überhaupt Chefsache sein? Kann sich nicht die Marketing-Abteilung darum kümmern?

Tatsächlich: Solange die Führung daran Zweifel hat, werden sich die Mitarbeiter trotz aller verrückten Büroaccessoires nicht trauen, kreativ und produktiv zu „spielen" – obwohl neue Ideen nur so entstehen. In einer Kreativökonomie ist Spielen Teil der Arbeit.

ZEIG, UM WEN ES GEHT!

NAME: TAMARA
DATE OF INJURY:
WOULD RATHER FOCUS ON INSPIRING PEOPLE
NAME: JASON
DATE OF INJURY:
REFUSES TO BE DEFINED BY IT
NAME: AMAR
DATE OF INJURY
THE FIRST DAY OF RECOVERY
NAME: SARAH
DATE OF INJURY:
MUCH MORE FOCUSED ON THE FUTURE

9. GEBOT >

Bei aller Kühnheit der Ideen darf nie verloren gehen, für wen diese Ideen eigentlich geschaffen werden: „Den Kunden ins Zentrum stellen“ ist schon lange keine hohle Phrase mehr, sondern dringende Notwendigkeit. In diesem Gebot geht es genau darum.

Hole die relevante Außenwelt und den Kunden in die Räume.

9. GEBOT

Sie statten die Räumlichkeiten zu diesem Zweck mit vielfältigen Hinweisen und Botschaften aus, um wen es geht. So rufen Sie ständig in Erinnerung: Wer ist unser Kunde? Was braucht er? Was wünscht er sich? Unter welchen Rahmenbedingungen müssen sich unsere Innovationen bewähren?

Die Mitarbeiter sind auf diese Weise näher an ihren Kunden dran. Sie schlüpfen in deren Lebens- und Gedankenwelt, sie sehen die Umgebung mit deren Augen.

Wichtig ist die vielfache subtile Botschaft: Unser Ziel ist, das Leben dieses Menschen besser, schöner, angenehmer, sicherer zu machen.

Sie können dabei auf physische oder auch auf symbolische Hinweise setzen.

Dass Ihrem Einfallsreichtum wenig Grenzen gesetzt sind, zeigen die ganz unterschiedlichen Beispiele, die wir während unserer Besuche vor Ort gesehen haben. So haben wir in Dallas, Texas, eine besonders eindrückliche Umsetzung des neunten Gebotes gesehen ...

Begegnung

Stan Richards führt eine sehr große Werbeagentur, The Richards-Group. Im Zuge des Wachstums der Firma war der Umzug in ein neues, größeres Gebäude nötig. Stan Richards entschloss sich zu einem Neubau, den er selbst gestaltete.

Er sah in dem mehrstöckigen Firmengebäude einen zentralen Lichthof vor, der über eine Galerie alle Stockwerke verbindet. Auf etwa halber Höhe plante er eine Brücke quer über diesen Lichthof. Diese Brücke ist von der Galerie aller Stockwerke aus zu sehen. Von hier aus kann Stan Richards seither zu allen seinen 600 Mitarbeitern direkt und gleichzeitig sprechen.

Doch er nutzt diese Brücke nicht nur für die interne Kommunikation. Seit dem Umzug führt er – als einzige Werbeagentur überhaupt – seine Präsentationen konsequent nicht mehr vor Ort beim Kunden vor. Er lädt sie stattdessen zu sich ein. Nach der Präsentation geleitet er die Kunden auf die Brücke und ruft seine Mitarbeiter zusammen. Innerhalb von fünf Minuten stehen dann alle an den Geländern der Galerie.

Der Kunde sieht die vielen Mitarbeiter und Stan Richards kann ihm sagen: „Das ist das Team, das für Sie arbeiten wird." Das ist für den Kunden sehr beeindruckend. Jedoch nicht nur für ihn: Auch alle Mitarbeiter sehen, für wen sie demnächst arbeiten. Das schafft Begegnungen der besonderen Art. Es kann ein ganz anderes Engagement, ein ganz anderes emotionales Involvement entstehen.

Airbnb arbeitet mit einer anderen Methode. Sie lassen mit einer besonderen Einrichtung ihre Mitarbeiter die Welt aus den Augen ihrer Kunden sehen.

Welcome to Shanghai

Bei Airbnb werden Meetingräume zum Teil so gestaltet, dass sie wie Objekte aussehen, wie die Kunden sie tatsächlich über die Plattform mieten können. So können Sie sich zum Beispiel mitten in San Francisco in einem Loft hoch über Shanghai wiederfinden, wenn Sie einen bestimmten Besprechungsraum dort nutzen.

„Stay in an amazing cool loft" steht über der Beschreibung des Angebots, die neben der Eingangstür hängt. Sie gibt die Original-Online-Beschreibung wieder, wie die Airbnb-Kunden sie im Internet sehen. So schafft Airbnb sehr geschickt die Verbindung zwischen dem, was der Kunde auswählen kann und was dieser dann vor Ort erlebt.

Die Mitarbeiter können sich so perfekt in die Welt ihrer Kunden hineinversetzen.

Sie müssen aber bei weitem nicht immer große bauliche Veränderungen vornehmen, um das neunte Gebot zu verwirklichen. Bei dem Exoskelett-Hersteller Ekso Bionics haben wir wunderbare Beispiele gesehen, die sehr viel unaufwändiger, aber ebenso wirkungsvoll sind.

Der dritte Weg

Wenn Sie zum Beispiel bei Ekso Bionics nach den Toiletten suchen, begegnen Ihnen nicht die üblichen beiden Embleme, eines für Frauen und eines für Männer. Sowohl über den Damen- als auch über den Herren-WCs sehen Sie jeweils drei Piktogramme: Das übliche Zeichen links, rechts ein Männchen im Rollstuhl und in der Mitte ein Mensch, der mit Hilfe eines Exoskeletts und zwei Gehstöcken auf seinen eigenen Beinen läuft. Jeden Tag sehen die Mitarbeiter: Es gibt einen Mittelweg zwischen gesund und Rollstuhl – und den erschaffen wir!

Und nicht nur auf dem Weg zum Händewaschen macht das Unternehmen klar, um wen es geht: In vielen Räumen hängen Fotos von freundlich lachenden Menschen. Dabei handelt es sich durch die Bank um querschnittsgelähmte Kunden.

Neben den Bildern stehen deren Namen, das Datum ihres Unfalls und ein Statement, was sich für sie durch die Lähmung und auch durch den Einsatz des Exoskelettes verändert hat. Dort lesen Sie zum Beispiel:

Name: Jason. Date of injury: 3-20-2017. „I refuse to be defined by it.“ – „Ich weigere mich, darüber definiert zu werden.“

Oder:

Name: Amanda. Date of injury: 10-4-2018. „Hasn't stopped anything." – „Hat für mich nichts beendet."

Oder:

Name: Amar. Date of injury: 8-24-2014. „The first date of recovery." – „Der erste Tag meiner Genesung."

Solche starken Aussagen laden die Mitarbeiter emotional auf. Sie wissen, dass sie dafür arbeiten, dass diese Menschen ihr Leben auf gute Art weiterleben können! Was für eine motivierende Botschaft.

Sie sehen: Der Invest für die Umsetzung dieses Gebotes muss nicht groß sein. Wirkungsvoll ist er in jedem Fall. Das gilt übrigens auch für das zehnte und letzte Gebot ...

BE DIFFERENT!

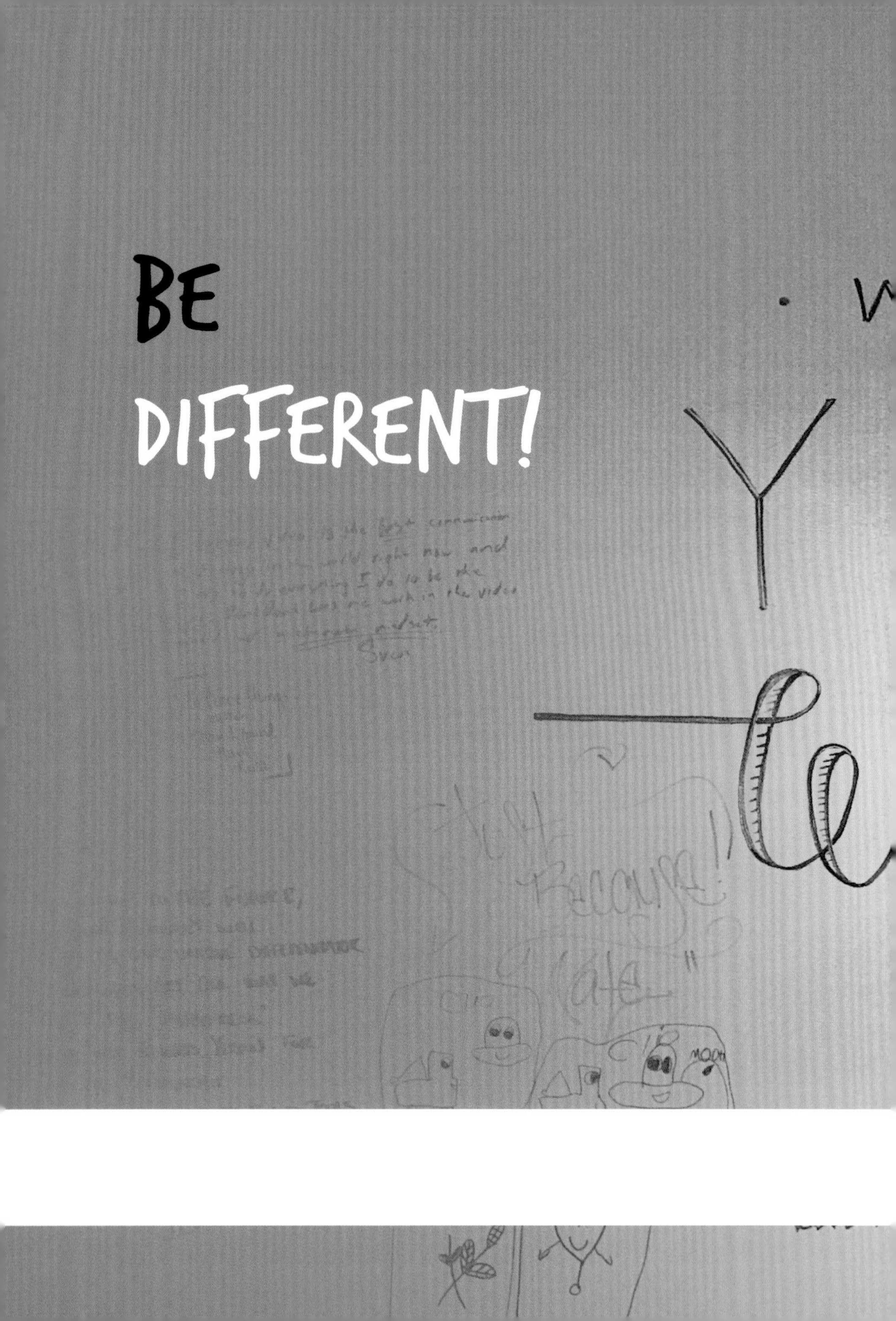

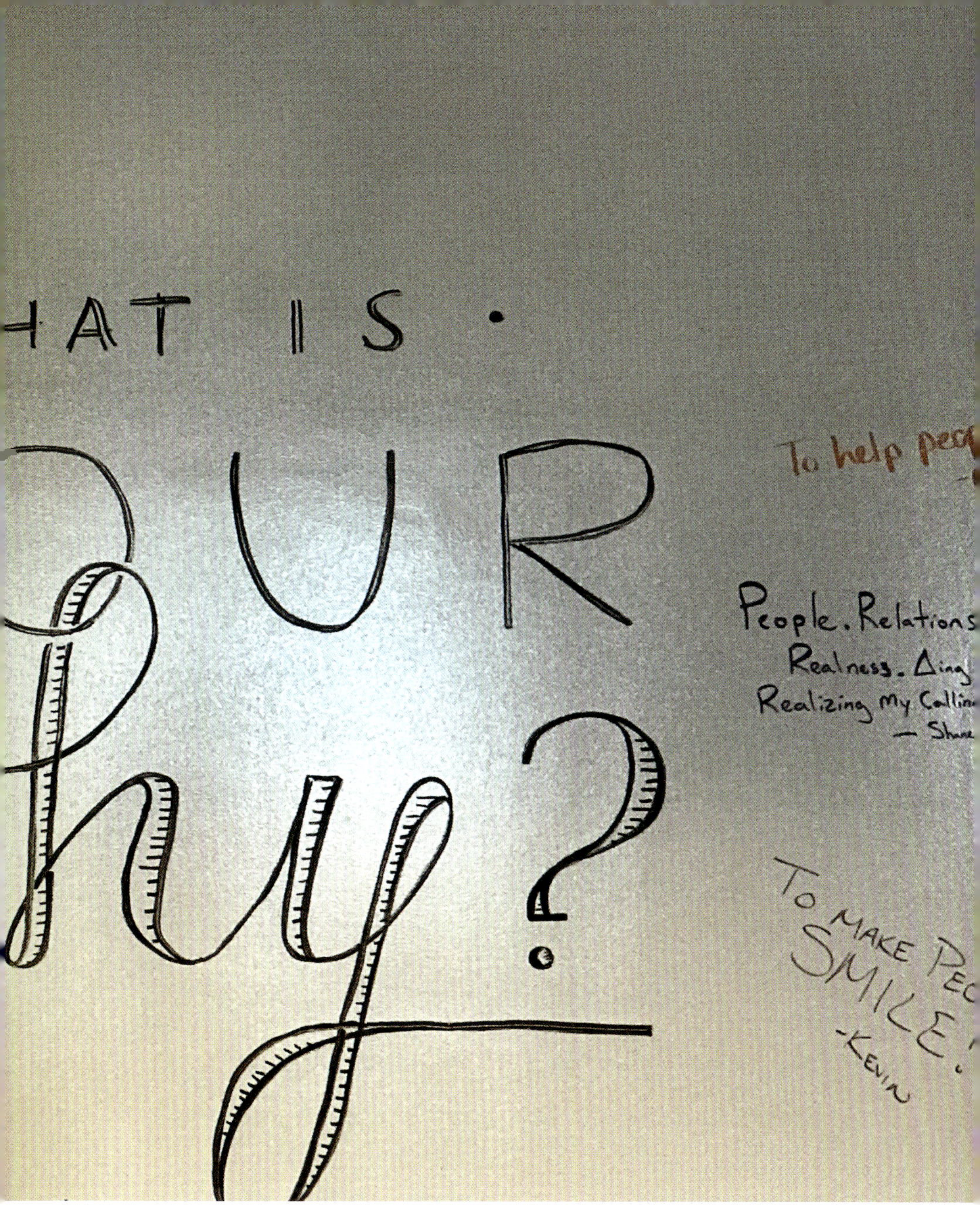
To help peo
People. Relations
Realness.
Realizing my Callin
— Shane
TO MAKE PEO
SMILE!
-KEVIN

10. GEBOT >

-SHAWN

Wenn Sie sich dem Google Campus in Mountain View nähern, begrüßt Sie Stan schon von weitem. Seit 2006 steht er da als unübersehbares Mahnmal.

Stan ist die Nachbildung eines riesigen Skeletts von einem Tyrannosaurus Rex, das in der Nähe des Firmengeländes gefunden wurde. Das Gerippe transportiert eine implizite Botschaft an alle Google-Mitarbeiter: Denkt ständig darüber nach, wie ihr euch neu erfinden könnt– sonst geht es euch wie uns Dinosauriern.

Wofür das alles?

Damit ist Stan ein perfektes Beispiel für das zehnte und letzte Gebot:

> Mach unübersehbar und spürbar, wofür das Unternehmen angetreten ist.
>
> **10. GEBOT**

Über den einzelnen Kunden hinaus hat jedes Unternehmen für sich einen Auftrag, eine Mission. Das kann ein gesellschaftlicher Auftrag sein, das kann aber auch – wie zum Beispiel bei Google – ein interner Anspruch sein: Wir wollen uns immer weiterentwickeln.

In der einschlägigen Managementliteratur heißt es, dass es heute sehr wichtig sei, dass Ihr Unternehmen den Kunden klar vermittelt, für was Sie stehen und was Sie antreibt. Doch mindestens genauso wichtig ist es, dass Ihre Mitarbeiter das wissen – und sich immer wieder daran erinnern. Sie zeigen damit Identität und schaffen die Möglichkeit, dass andere sich damit identifizieren. Jeder möchte gerne ein Teil von einem großem Ganzen sein. So stärken und ermutigen Sie Ihre Mitarbeiter. Und das zahlt sich aus: Wer sich als Teil fühlt, trägt auch seinen Teil bei. Identifikation erzeugt Verantwortungsgefühl.

Wir haben bei unseren Besuchen im Silicon Valley sehr viele verschiedene Spielarten gesehen, wie Unternehmen ihren Mitarbeitern Mission und Anspruch präsent halten.

Ein starkes Wozu

Wenn Sie zum Beispiel das Gebäude der Firma Ekso Bionics betreten, fällt Ihr Blick sofort auf die große Anzeigetafel, die dort hängt. Darauf rattern Zahlen nach oben.

Mit diesen Zahlen hat es eine besondere Bewandtnis. Sie zeigen in Echtzeit die Zahl der Schritte, die Menschen auf der ganzen Welt mit Hilfe der Exoskelette von Ekso Bionics absolvieren. Die Ziffern signalisieren Aufgabe und Motivation zugleich.

Eine charmante Idee hatten dazu auch die Leute von BombBomb, der Firma mit dem Awesome Office. Sie haben in ihrem Kantinenbereich ein großes Wandareal von Regalen und Schränken ausgespart. Über dieser Wand steht „What is your why?“ – „Was ist dein Wozu?“. Alle Mitarbeiter sind eingeladen, ihre Antwort auf dieser Wand handschriftlich zu hinterlassen. Das sieht richtig lebendig aus und macht Spaß.

The Spectator Job

In Boulder, Colorado, haben wir ein schönes Beispiel dafür gesehen, wie Sie einen Anspruch formulieren, ohne den Zeigefinger zu heben. Die Firma Galvanize bietet sowohl Co-Workingspaces als auch Schulungen und Mentoring an. Haben Sie eine Unternehmensidee, aber noch nicht alle Kompetenzen, die Sie für eine Gründung brauchen?

Alles, was Ihnen fehlt, können Sie dort lernen – egal ob es um technische oder um Finanzthemen geht.

Wenn Sie dort die Treppe zu den Lernräumen hochgehen, lesen Sie entlang des Geländers: „Learning is not a spectator job." – „Lernen ist kein Zuschauersport." Lernen erfordert Beteiligung! Das ist ein klarer Anspruch an alle, die hier die Stufen erklimmen.

Solche unterschwelligen Botschaften sehen auf den ersten Blick „harmlos" aus, fast wie Dekoration. Aber sie wirken gerade deshalb.

Do it

Deshalb werden Sie an den Wänden der Stanford d.school auch nie lesen: „Sei kreativ“ oder „Sei verrückt“. Dafür finden Sie dort zum Beispiel ein großes schwarzes Schild mit einer weißen Schrift – die übrigens in keinster Weise irgendeinem CI der Universität entspricht. Darauf steht: „The only way to do it is to do it.“

Und auf der Rückseite lesen Sie ein Zitat von John Cage: „Nothing is a mistake. There‘s no win and no fail, there‘s only make.“

Dieses Schild ist so gestaltet, dass es unweigerlich Ihren Blick anzieht und Sie ebenso unweigerlich denken: „Ja, genau!“ Die Botschaft ist subtil und ist gerade daher wirksam. Viel wirksamer, als wenn dort stünde, was wir in einem deutschen Standort eines großen Konzerns an der Wand schon gesehen haben: „Unchain your creativity!“. Aufforderungen mit dem Holzhammer lösen keine intrinsische Motivation aus.

Wird eine subtile Botschaft dagegen mit einem Schmunzeln verbunden, wirkt sie oft noch besser. So hängt an einer Wand im Airbnb-Gebäude ein Straßenschild, auf dem steht „Do The Right Thing Way“. Das transportiert auf lockere Art und Weise, wofür das Unternehmen angetreten ist.

Wie locker das ankommt, zeigen auch die witzigen Botschaften, die verschiedene Leute mit Kreide dazu gekrakelt haben.

Doch nicht nur in den USA sind uns tolle Beispiele dafür begegnet, wie Sie das zehnte Gebot umsetzen können ...

Agile Journey

Rainer begleitet zum Beispiel ein deutsches Bankdienstleistungs-Unternehmen bei ihrem Entwicklungsprozess. Die Firma steht wie alle in dieser Branche unter hohen Effizienzzwängen und die Geschäftsführung hat deshalb beschlossen, auf agile Arbeitsmethoden umzustellen.

Was die Mitarbeiter jetzt mit den Wänden in ihrem ganz normalen Bürogebäude gemacht haben, ist einfach klasse. Statt in dem langen, bisher kahlen Gang nichtssagende Bilder aufzuhängen, nutzen sie die Fläche, um ihren Entwicklungsprozess zu dokumentieren. Sie zeichnen mit der Hand all die wichtigen Schritte und Gedanken ihrer bisherigen „agile journey“ auf.

An dieses „Bild“ wird ständig angebaut, es wächst vor den Augen der Beteiligten. Momentan sind sie gerade mal bei der Hälfte des Ganges. Es wird dadurch klar: Ja, wir haben uns auf die Reise gemacht, aber wir sind noch lange nicht angekommen. Jeder, der diesen Gang entlang geht, fühlt sich berührt.

Raum wirkt!

In der Dimension der *Fokussierten Inspiration* arbeiten Sie also ganz gezielt mit Botschaften, die Ihre Mitarbeiter spüren lassen: Hier ist ein sicherer Spielplatz, in dem du alles tun darfst, um unseren Kunden und unserem Auftrag gerecht zu werden.

Die Mittel, die Sie dafür einsetzen, können – wie Sie an vielen Beispielen gesehen haben – relativ einfach sein. Wichtig ist nur, dass sie mit allen anderen Botschaften, die Ihre Räume vermitteln, in Einklang stehen – und vor allem mit der gelebten Kultur des Unternehmens. Gerade in diesem Punkt sind uns schon manche Negativbeispiele begegnet. Ein Beispiel: die ziemlich neue Firmenzentrale eines großen IT-Konzerns.

So richtig die Verantwortlichen dort in Sachen Raumfunktionalität unterwegs sind, so unlebendig und uninspirierend ist die Umsetzung. So gibt es für jedes größere Team eine Arbeitszone für den informellen Austausch. Doch diese Bereiche sind so steril gestaltet, dass Sie gar nicht auf die Idee kommen, dass Sie sich hier mit jemandem gemütlich hinsetzen und reden könnten. Wie um diesen Mangel zu beheben, hängen von der Decke große Schilder, auf denen steht: „Share & Discuss – Heute schon eine Idee mit einem Kollegen geteilt?".

Spricht der Raum nicht durch seine Gestaltung, helfen Schilder auch nichts mehr.

Und noch ein Tipp zum Schluss: Halten Sie Ihre Botschaften lebendig. Dinge, die immer da sind, nehmen Sie und auch die Mitarbeiter mit der Zeit nicht mehr wahr. Sie gewöhnen sich einfach daran.

Finden Sie deshalb immer wieder auch neue Orte, neue Symbole, neue Möglichkeiten, die Botschaften wieder in Erinnerung zu rufen. Lassen Sie Ihre Leute immer wieder neu hinschauen.

Sie kennen nun alle zehn Gebote des *Codes für kreative Räume*. Haben Sie schon eine Idee, wie Sie ihn umsetzen wollen?

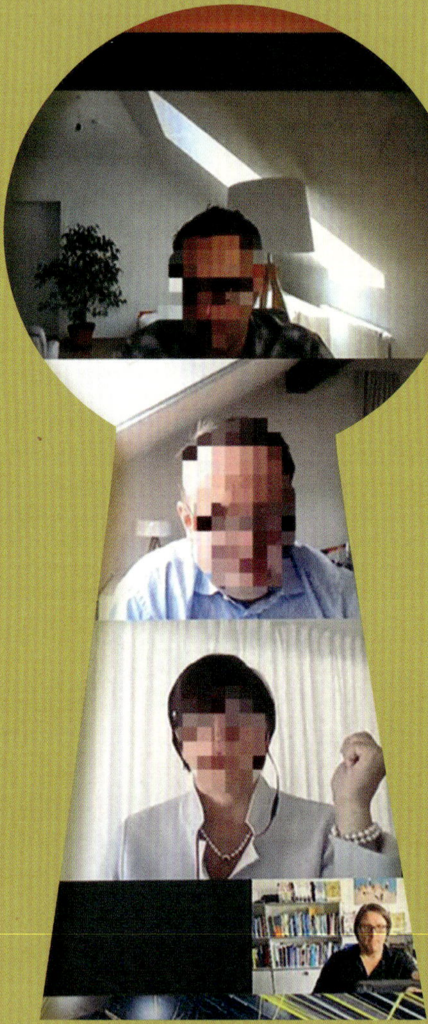

TEIL 4:

WEIL HOMEOFFICE EIN TEIL DER ARBEITSWELT WIRD

Eher unfreiwillig haben viele Firmen seit März 2020 Erfahrungen mit Homeoffice gesammelt, doch diese waren oft unerwartet gut: Was vorher undenkbar schien – dass die Produktivität aufrechterhalten wird, obwohl keiner im Büro ist –, wurde Realität.

Diese Realität erlebt zum Beispiel Katharina Borchert schon seit Jahren. Sie ist Chief Innovation Officer von Mozilla, der gemeinnützigen Organisation hinter dem Webbrowser Mozilla Firefox. 50 Prozent aller Mitarbeiter dieses Unternehmens arbeiten vom Homeoffice aus. Bei ihr im Team sind es sogar 60 Prozent, verstreut auf acht Zeitzonen. Und selbst die 40 Prozent, die ihre Arbeitszeit zumindest zum Teil in einem Office verbringen, sitzen nicht an einem Ort, sondern über die Welt verteilt.

Sie selbst sagte uns im Gespräch, dass sie in diesen Jahren sehr viel gelernt hat und sie diese Remote-Teamarbeit als ganz große Chance erlebt. Und es ist klar, dass Firmen wie Mozilla in Zukunft noch mehr auf Mitarbeiter setzen, die zum Teil oder ganz im Homeoffice arbeiten, und ihnen ganz dezidiert auch eine Karriere ermöglichen.

Katharina Borchert wie auch wir sind überzeugt, dass Unternehmen nur gewinnen können, wenn sie Homeoffice in ihr Raum- und Organisationskonzept integrieren.

Wir lassen Katharina Borchert deshalb in den folgenden Kapiteln immer wieder zu Wort kommen, damit auch Sie von ihren Erfahrungen profitieren und viel Wissenswertes für die Organisation und Integration von Homeoffice in Ihr Unternehmen mitnehmen können.

GESTALTE DEN KONTEXT – DIE DREI DIMENSIONEN DES KREATIVEN HOMEOFFICE

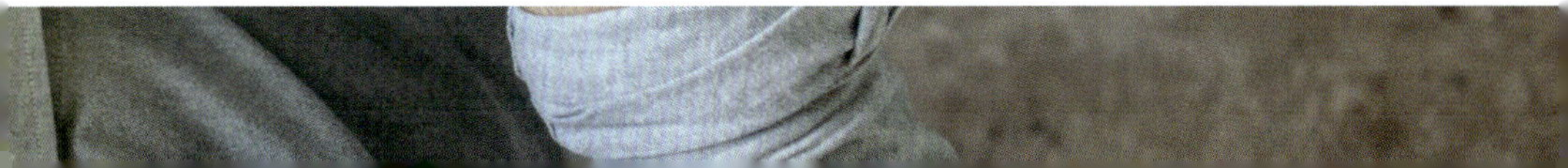

In den Teilen 1 bis 3 dieses Buches haben wir die drei Dimensionen des Codes für kreative Räume aufgezeigt. Sie lassen sich mit ihren zehn Geboten auch fast 1:1 auf das Homeoffice übertragen.

Die Dimension der Strategischen Funktionalität

Wie im Firmengebäude sollte es auch im Arbeitsbereich in Ihrem Zuhause immer Ihre Strategie sein, die die Funktion des Raumes vorgibt, und nicht umgekehrt. Das heißt, Sie überlegen sich, welche Aufgaben Sie bearbeiten wollen und welcher Art der Arbeitssituation es bedarf, um sie erfolgreich zu lösen.

Optimal ist es natürlich, wenn Sie einen eigenen Raum für Ihr Homeoffice haben. Aber es ist uns klar, dass das nicht in jeder Wohnsituation möglich ist. Gerade in der Zeit, in der sich sehr viele von heute auf morgen auf das Homeoffice einstellen mussten, war es erst einmal das Wohnzimmer, die Küche oder vielleicht sogar das Schlafzimmer, die ausreichen mussten. Und speziell in Metropolregionen, wo Wohnraum extrem teuer ist, wird das wohl auch in naher bis mittelfristiger Zukunft der Regelfall bleiben.

Doch selbst wenn Sie nicht die räumlichen Möglichkeiten haben, ein ganzes Zimmer zum Homeoffice umzugestalten: Achten Sie darauf, dass sich Ihr Arbeitssetting ein Stück weit vom Rest Ihres Lebens in der Wohnung unterscheidet. Und richten Sie diese Zone so ein, dass Sie darin gut arbeiten können. Ist es nicht möglich, dass Sie Ihren Arbeitsplatz dauerhaft belegen können, dann sollten Sie ihn zumindest mit nur wenigen Handgriffen am Morgen aufbauen können.

So schaffen Sie auch für Ihr Unterbewusstsein die Unterscheidung: Hier ist Arbeit, dort ist Privatleben. Das ist zunächst der große funktionale Kontext, den Sie gestalten. Um wirklich produktiv arbeiten zu können, brauchen Sie darüber hinaus den Kontext, den Ihre jeweilige Aufgabe erfordert.

Triple-Homezone

„Was mir persönlich sehr hilft, ist die Freiheit auch mal hin und her zu ziehen mit meinem Homeoffice," erzählte uns Katharina Borchert: Sie hat sich zum Beispiel für ihr Homeoffice einen Stehschreibtisch auf Rollen gekauft, den sie immer mal wieder an einen anderen Platz schiebt.

Sie sagt, dass sie so für die jeweils richtige Atmosphäre sorgt, je nachdem ob sie an einer Aufgabe arbeitet, für die sie ihr Gehirn weiten und kreativ nachdenken will, sich auf die Arbeit an einem Dokument fokussieren oder ein Meeting leiten will. „Ich halte es für total wichtig, dass man lernt und für sich die Freiheit findet, seine eigenen Kreativräume zu entdecken und einzurichten – und dass auch der Arbeitgeber das unterstützt!“, sagte Katharina Borchert. Weiter führte sie aus: „Ob das zwischendurch auch einmal in einem Café ist oder im Grünen, im eigenen Garten oder in der Küche, darf nicht relevant sein. Wir müssen unsere Mitarbeiter ermutigen und ihnen die Freiheit geben, für sich die Räume zu schaffen, die sie produktiv werden lassen, anstatt ihnen diesbezüglich Vorschriften zu machen.“

Rainer hat zum Beispiel in seinem Homeoffice auf relativ überschaubarem Raum drei verschiedene Zonen eingerichtet.

Er hat einen Sitzarbeitsplatz an einem Schreibtisch, an dem er die mehr administrativen Aufgaben erledigt. Hier führt er auch viele Arbeitsgespräche, entweder telefonisch oder per Videokonferenz. Dieser Schreibtisch ist auf der anderen Seite als Stehschreibtisch nutzbar.

Hierhin wechselt er, wenn eine Aufgabe mehr Dynamik erfordert. Das hat sich für ihn gerade auch für intensivere Videokonferenzen oder Remote-Impulsvorträge bewährt: Er kann währenddessen stehen und hat so eine ganz andere Präsenz und Kraft in der Stimme.

Als drittes Element steht in Rainers Homeoffice eine Art Ottomane, also ein Lehnsessel mit Fußteil. Wenn er kreative Texte schreiben oder auch über Strategisches nachdenken möchte, setzt er sich hierhin und legt seine Füße hoch.

Seine Erfahrung: Er kommt inzwischen ganz automatisch in einen anderen Arbeitsmodus, wenn er seinen Platz wechselt und die entsprechende andere Haltung einnimmt. Und er beobachtet an sich auch den umgekehrten Effekt: Wenn er sich überlegt, als nächstes eine kreative Aufgabe anzugehen, sitzt er schon fast, ohne darüber nachzudenken, in seinem Lehnsessel.

Es ist wie ein unbewusstes Signal, mit dem er sich selbst in den jeweils passenden Zustand bringt.

Unser Tipp: Mit solchen unbewussten Signalen können Sie nicht nur für sich, sondern auch für andere arbeiten ...

Schaffen Sie Kontext

Wenn Sie viel virtuell arbeiten, dann lohnt es sich, dass Sie sich gut überlegen: Was zeige ich meinen Gesprächspartnern? Oder besser noch: Was will ich ihnen zeigen?

Von Katharina Borchert wissen wir, dass Mozilla seinen Mitarbeitern auf Wunsch Corporate Plakate, den „Firefox" als Kinderzeichnung oder auch als Superman und in weiteren Versionen zur Verfügung stellt, mit denen sie ihren Hintergrund bei Videokonferenzen gestalten können.

„Wir verschicken diese Sachen auf Wunsch an unsere Mitarbeiter, wenn jemand sich zuhause zum Beispiel für Videokonferenzen zwei Quadratmeter Hintergrund mit Corporate Look einrichten möchte."

Rainer hat sich hinter seinem Stehschreibtisch einen fixen Greenscreen und hinter dem Sitzarbeitsplatz einen Roll-up-Greenscreen eingerichtet. So hat er immer die Wahl, welcher Hintergrund gerade passend ist. Erst kürzlich führte er einen anspruchsvollen Workshop: Es ging um die schwierige Zusammenarbeit in einem Team. Also wählte er als Hintergrund das Bild einer Seilschaft, die eine steile Felswand erklimmt, und darunter der Spruch *I believe in strong teams.*

So konnte diese Botschaft während des gesamten Workshops unbewusst wirken.

Sie sehen: Das Homeoffice bietet Ihnen in manchen Bereichen Gestaltungsmöglichkeiten, die Sie im Büro oft gar nicht haben. Schon allein diese Dimension lädt Sie zur kreativen Gestaltung ein. Und mindestens genauso tut es die zweite Dimension.

Die Dimension der *Unperfekten Lebendigkeit*

Wollen Sie wie in einem guten Bürogebäude auch zuhause motiviert, engagiert und kreativ arbeiten, muss Ihr Homeoffice Ihnen das durch *Unperfekte Lebendigkeit* möglich machen. Gestalten Sie sich einen lebendigen Raum. Von größter Bedeutung sind dabei die Themen Licht, Luft und Natur.

Wenn Sie sich nach einer geeigneten Immobilie zum Mieten oder Kaufen umschauen, werden Sie anhand der Grundrisse schnell feststellen: Das Arbeitszimmer ist meist in der uninspiriertesten Ecke der Wohnung oder des Hauses untergebracht.

Entweder Sie schauen direkt auf eine Betonwand oder Sie finden sich im Souterrain ohne Licht wieder. Wir können nur die Architekten dieser Welt eindringlich bitten: Geht weg davon! Für das Homeoffice sollte eine der schönsten Stellen überhaupt reserviert werden. Es braucht einen wirklich kraftvollen Platz.

Doch auch wenn Ihre Wohnsituation keinen optimalen Ort für Ihr Homeoffice zulässt, können Sie durch eigene gestalterische Mittel viel für die *Unperfekte Lebendigkeit* tun. Das heißt konkret, dass Sie zum Beispiel auf gutes Licht achten.

Wenn irgendwie möglich, ist Tageslicht die beste Option, aber auch ordentliche Lampen, an den richtigen Stellen angebracht, helfen bereits.

Lebendige Natur

Sorgen Sie für eine gute Belüftung. Optimal ist es, wenn Sie über ein Fenster ins Grüne verfügen, dass Sie einfach öffnen können. Dann schlagen Sie nämlich gleich mehrere Fliegen mit einer Klappe: Sie bekommen nicht nur viel frische Luft, Sie hören gleichzeitig eine natürliche Geräuschkulisse aus Vögeln, Bienen und rauschenden Blättern im Wind. Und Ihr Blick geht über das Grün der Pflanzen da draußen – was einen wunderbar beruhigenden Einfluss auf uns hat.

Das ist auch der Tipp, den wir Ihnen für diese Dimension mitgeben möchten: Wenn Sie sich den Blick in die Natur nicht durch Ihr Fenster holen können, holen Sie sich die Natur in Ihr Homeoffice. Werden Sie kreativ bei der Frage, wie Sie entsprechend Ihrer räumlichen Möglichkeiten für Licht, Luft und Pflanzen sorgen können.

Und denken Sie daran: Nichts muss perfekt sein. Im Gegenteil, denn es wirkt sogar positiv, wenn Ihr Homeoffice einen kreativen Charakter hat und nicht von der Stange geliefert ist.

Diese Kreativität führt uns direkt zur dritten und letzten Dimension.

Die Dimension der Fokussierten Inspiration

Sie dient stets dazu, Sie auf gute Gedanken zu bringen und Sie daran zu erinnern, um was es wirklich geht: um Ihre Kunden und Ihre Mission. Das gilt auch für Ihr Homeoffice.

Wenn Sie an das Beispiel des Chocolatiers Sepp Zotter denken, von dem wir Ihnen bereits an anderer Stelle erzählt haben: Er hatte sich in sein Büro ein riesiges Regal voll mit Gewürzen gestellt, weil sie ihn inspirierten. Jetzt stellen Sie sich vor, welche Möglichkeiten Sie dafür in Ihrem Homeoffice haben – wahrscheinlich ungleich mehr als bei Ihnen im Büro. Mit welchen Dingen wollen Sie sich umgeben, damit Sie produktiv, inspiriert und kreativ sind?

Das können Kunstwerke sein, andere schöne Dinge oder Erinnerungsstücke. Irene hat zum Beispiel in ihrem Homeoffice ein großes Visionboard, auf dem sie visualisiert, was sie anregt und ihr Freude macht: unterzeichnete Aufträge, motivierende Bilder, ein Foto von der ersten Auflage dieses Buches mit einem großen grünen Haken daran. Diese große Tafel hat sie auf eine alte Malerstaffelei gestellt, die ihr Vater beim Stöbern auf einem Trödelmarkt entdeckt und ihr geschenkt hatte.

Die Inspiration kann aber auch von visualisierten Ideen und nicht abgeschlossenen Überlegungen ausgehen.

Unbewusstes Weiterdenken

So nutzt Rainer Whiteboard-Folien. Diese elektrostatischen Flipchart-Blätter können Sie einfach auf eine kahle Wand aufstreifen und dann darauf schreiben, malen, wieder auswischen und neu schreiben, wie auf einem Whiteboard.

Darauf visualisiert er die Projekte, an denen er arbeitet, oder Vorhaben, die er durchdenken möchte. Er setzt damit sehr stark auf Botschaften an sein Unterbewusstsein: Es arbeitet weiter an den Gedanken, auch wenn er bewusst gar nicht mehr daran denkt.

Der Vorteil von diesen Folien ist nicht nur, dass Sie mehr Fläche für Ihre Arbeit gewinnen. Sie können die Folien am Abend auch wieder abnehmen, zusammenrollen und verstauen: Dann ist der Wohnraum, in dem Sie Ihr Homeoffice haben, wieder als Wohnraum nutzbar.

Wenn Sie übrigens merken, dass ein gewisser Gewöhnungseffekt einsetzt und Sie die Inspirationsquellen, die Sie sich gewählt haben, nicht mehr wirklich wahrnehmen: Sorgen Sie für Abwechslung. Nutzen Sie mutig die Möglichkeiten, die Ihnen die größere Gestaltungsfreiheit Ihres Homeoffice gegenüber Ihrem Büro bietet.

Die Grundsätze der drei Dimensionen des *Codes für kreative Räume* gelten also für Ihren Arbeitsraum zuhause genauso wie im Büro. Wenn Sie mit diesem Blick Ihr jetziges Homeoffice prüfen, fallen Ihnen mit großer Sicherheit sofort Dinge auf, die Sie ohne viel Aufwand sofort ändern können. Das ist viel weniger eine Frage des Raumangebots und der finanziellen Möglichkeiten als eine Frage der Kreativität.

Das ideale Office

Wenn Sie übrigens ein Homeoffice sehen möchten, das zwar den Geldbeutel jedes Normalsterblichen übersteigt, aber wirklich fantastisch ist, dann empfehlen wir Ihnen: Fahren Sie nach Scottsdale, Arizona. Dort hat sich der Stararchitekt Frank Lloyd Wright mit dem Taliesin West in den 1940er Jahren ein Wohn- und Atelierhaus in die Wüste gestellt, das Leben und Arbeiten in beeindruckender Weise verknüpft, alle unsere Dimensionen berücksichtigt und so etwas wie der Ausblick auf das ideale Office der Zukunft ist.

Auf einer Tafel in diesem Gebäude steht ein Spruch von Laotse: *The reality of the building does not consist in the roof and walls but in the space within to be lived in.* „Die Wirklichkeit eines Gebäudes besteht nicht aus dem Dach und den Wänden, sondern aus dem Raum darin, in dem man wohnt." – Uns scheint, er hat unser Buch gelesen. ;)

Der Raum allein ist es jedoch noch nicht, der Ihnen und Ihren Mitarbeitern erlaubt, auch im Homeoffice effektiv, effizient und freudvoll Ihrer Arbeit und auch der Zusammenarbeit mit anderen nachzugehen. Deshalb haben wir für Sie noch einiges mehr zum Thema Homeoffice zusammengestellt.

SORGE FÜR DIE TECHNIK – WORAUF ES BEI VIDEO-KONFERENZEN WIRKLICH ANKOMMT

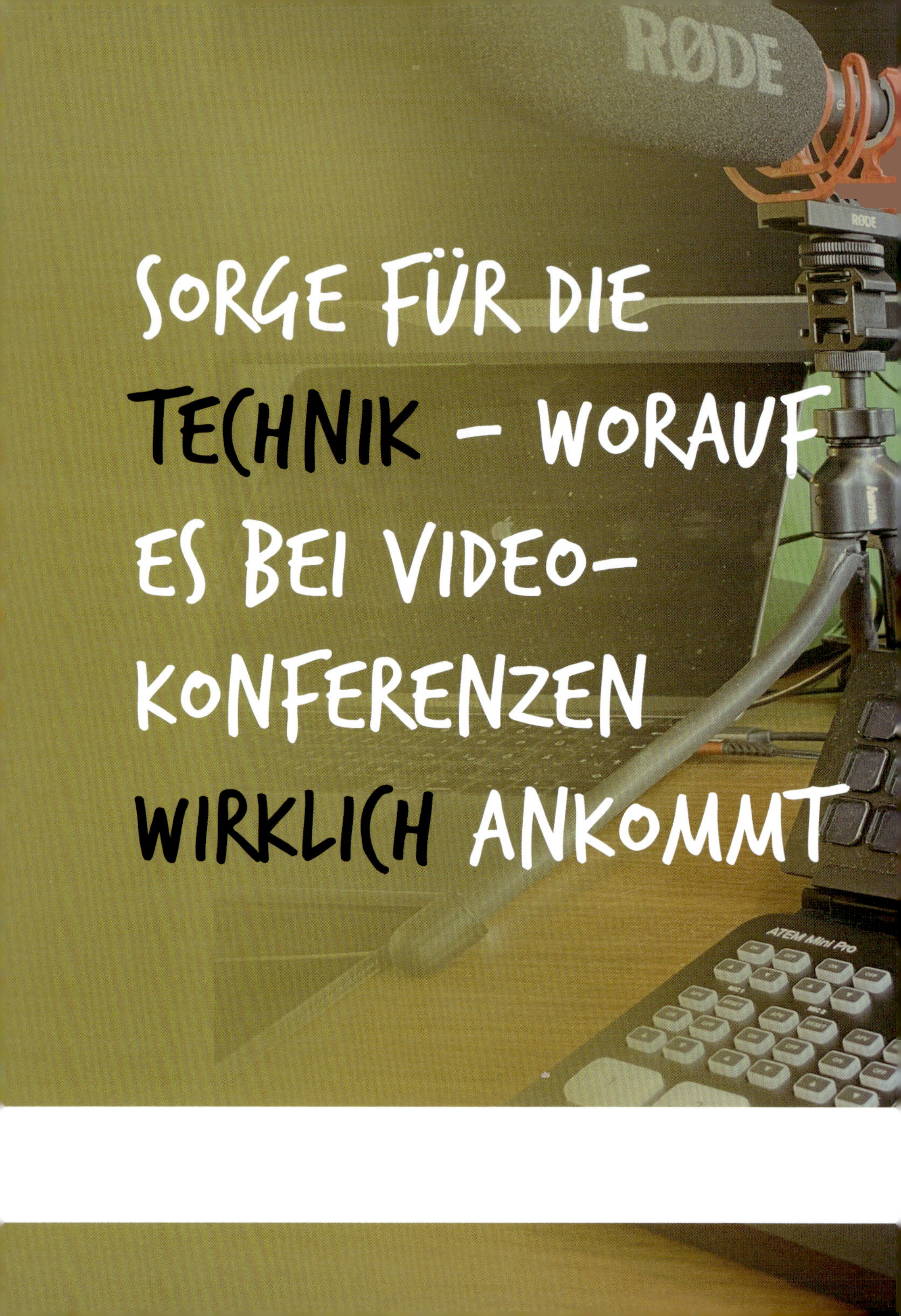

MacBook Pro
ATEM Mini
CUT
AUTO
Blackmagicdesign

AUTO
FTB

Die massiven Kontaktbeschränkungen während der Corona-Pandemie haben zu einem sprunghaften Anstieg in der Nutzung von Video-Technik geführt. Videokonferenz-Anbieter wie Zoom haben ihre Umsätze vervielfacht, die Nutzerzahlen sind nach oben geschnellt. Sehr viele Menschen nutzen diese Technik zum ersten Mal oder zumindest zum ersten Mal so intensiv. Doch erstaunlich wenige machen sich Gedanken darüber, welche Möglichkeiten diese virtuelle Kommunikationsform bietet – und was sie alles falsch machen können.

Deshalb möchten wir Ihnen hier einige ganz pragmatische Hinweise geben, wie Sie die Qualität Ihrer Videokonferenzen auf relativ einfache Weise deutlich verbessern können. Denn Meetings per Video abzuhalten ist von Haus aus anstrengender als persönliche Treffen. Machen Sie es deshalb sich und Ihren Gesprächspartnern nicht unnötig schwer.

Genießen Sie lieber die Vorteile von Video-Besprechungen, denn vielleicht haben Sie auch schon festgestellt: Obwohl oder vielleicht auch weil solche Meetings anstrengender sind, laufen sie oft disziplinierter, straffer und ergebnisorientierter ab als jene vor Ort. Und die Reisezeit sowie die Anfahrt ins Büro während der Rushhour entfallen komplett.

Genau deshalb ist abzusehen, dass Videokonferenzen auch nach einer Lockerung der Auflagen weiter verstärkt im Einsatz bleiben. Sie werden also langfristig davon profitieren, wenn Sie wissen, wie Sie diese gut gestalten.

Werden Sie gehört?

Viele meinen, dass ein gutes Bild das wichtigste Kriterium für eine Videokonferenz ist. Es gibt aber etwas viel Wichtigeres: Eine schlechte Kamera wird Ihnen verziehen, ein schlechter Ton dagegen ist eine Qual für alle Beteiligten. Wenn Sie also ein qualitativ hochwertiges Gespräch führen wollen, müssen Sie zu allererst dafür sorgen, dass Sie gut gehört werden.

Das bedeutet erstens, dass Sie Störgeräusche im Hintergrund vermeiden sollten. Es ist ein No-Go, eine Videokonferenz abzuhalten, während Sie zum Beispiel an einem geöffneten Fenster, das auf eine belebte Straße hinaus geht, oder an einem quirligen Flughafenterminal sitzen. Sie selbst nehmen die Störgeräusche dank Ihrer Kopfhörer vielleicht nicht wahr, alle anderen aber schon. So kann ein Teilnehmer ein ganzes Meeting zerschießen.

Zweitens brauchen Sie ein ordentliches Mikrofon. Manche Laptops verfügen über ein gutes eingebautes Mikro, aber selbst dann steigern Sie die Audioqualität für Ihre Gesprächspartner um ein Vielfaches, wenn Sie ein USB-Mikrofon verwenden. Bezeichnenderweise waren zu Beginn der Corona-Krise nur Webcams ausverkauft, nicht aber Mikrofone – obwohl sie wesentlich mehr zur Qualitätssteigerung beitragen.

In unserem Gespräch mit Katharina Borchert, das wir natürlich auch remote geführt haben, wurde deutlich, wie gut sie auch technisch auf diese Art des Arbeitens eingerichtet ist: Wenn sie sprach, hatten wir das Gefühl, dass sie nicht irgendwo am Rande von San Francisco sitzt, sondern direkt neben uns in unserem Homeoffice – so klar war der Ton.

Werden Sie gesehen?

Noch ein Punkt, der die meisten überrascht: Auch beim Bild ist nicht unbedingt die Kamera entscheidend. Viel größere Bedeutung hat das Licht.

In einem Gespräch fühlen wir uns viel wohler, wenn wir unserem Gegenüber ins Gesicht schauen und seine Mimik erkennen können. Deshalb hat Rainer neben seinem Videokonferenz-Platz im Homeoffice auf einem Stativ ein LED-Panel, das sein Gesicht ausleuchtet. Solche Leuchten sind nicht teuer und bringen viel mehr, als wenn Sie in eine noch bessere Kamera investieren.

Ganz ideal ist es, wenn Sie rechts und links von Ihrem Monitor Leuchten haben, die Sie jeweils im 45°-Winkel beleuchten, denn so werden Sie am besten erkannt. Das LED-Licht lässt sich auch gut mit Tageslicht kombinieren. Achten Sie allerdings darauf, dass Sie das helle Fenster nicht im Rücken haben – sonst erscheinen Sie auf den Monitoren als dunkler Schatten.

Zusammenfassend lässt sich sagen: Bei dem, was Sie für den Erfolg einer Videokonferenz tun, geht es erst in zweiter Linie darum, dass Sie die anderen gut sehen und verstehen. Ihre vorrangige Verantwortung ist es, dass Sie von den anderen gut gesehen und verstanden werden.

Und noch ein letzter wesentlicher Punkt für das Gelingen Ihrer Videokonferenz ....

Wo schauen Sie hin?

Einer unserer grundlegenden Tipps für Videokonferenzen ist: Wenn Sie Ihrem Gegenüber in die Augen schauen wollen, dann schauen Sie ihm bitte nicht in die Augen!

Das klingt paradox, erklärt sich aber ganz leicht: Während Sie in der Videokonferenz in die Gesichter auf dem Bildschirm schauen, entsteht ein ungünstiger Winkel zwischen Ihrem Blick und Ihrer Kamera. Wenn Sie dies die ganze Zeit über tun, haben die anderen das Gefühl, dass Sie ständig an ihnen vorbeischauen. Blicken Sie deshalb immer wieder ganz bewusst in die Kamera. Nur so haben die anderen Teilnehmer das Gefühl, dass Sie ihnen ab und an wirklich in die Augen schauen – das trägt enorm zur Qualität des Gesprächs bei.

Hinzu tritt oft eine weitere intuitive Vorgehensweise im Einsatz von Technik, die sich zusätzlich ungünstig auf die Gesprächsqualität auswirkt: Teilnehmer stellen ihren Laptop einfach vor sich auf den Schreibtisch, klappen den Bildschirm weit auf und schauen so auf die Kamera und damit auf die anderen Teilnehmer „herunter“. Das ist vor allem dann besonders ungünstig, wenn Sie als Chef mit einem Mitarbeiter oder als Mitarbeiter mit einem Kunden sprechen.

Positionieren Sie Ihre Kamera besser auf Augenhöhe, dann fühlen sich auch Ihre Gesprächspartner mit Ihnen auf Augenhöhe – und Sie bekommen eine ganz andere Überzeugungskraft. Wenn Rainer Präsentationen zeigt oder einen Remote-Impulsvortrag hält, stellt er teilweise die Kamera auf ein Stativ zwischen sich und den Bildschirm. So sieht es für die Konferenzteilnehmer aus, als sähe er sie auch dann direkt an, wenn er zwischendurch auf die Folie schaut.

Mit solchen einfachen Tricks schaffen Sie es, dass Sie als guter und angenehmer Gesprächspartner wahrgenommen werden.

Intelligente Verantwortung

Videokonferenzen werden verstärkt in den Business-Alltag Einzug halten. Je besser Sie sich mit dem Umgang vertraut machen, desto leichter machen Sie es sich und den anderen. Die Technik spielt dabei natürlich eine Rolle, viel wichtiger aber noch ist ihr intelligenter Einsatz.

Einen Punkt haben wir noch nicht erwähnt, obwohl er ebenfalls eine Rolle spielt: Inzwischen verfügen die meisten auch im Homeoffice über WLAN. Allerdings hat es sich gezeigt, dass der gute alte LAN-Anschluss nach wie vor die sicherere und stabilere Variante für die Videodatenübertragung ist. Greifen Sie also im Zweifel lieber auf ein Ethernet-Kabel zurück.

Denken Sie daran: Wenn Sie an einer Videokonferenz teilnehmen oder sie sogar hosten, sind Sie verantwortlich für das Konferenzerlebnis Ihrer Mitteilnehmer. Und wenn zusätzlich jeder darauf achtet, dass er gut und ruckelfrei zu hören und zu sehen ist, erreichen Sie eine hohe Meetingqualität: Dann ist es schon fast so, als würden Sie miteinander in einem Raum sitzen.

Der gute Umgang mit dem Tool Videokonferenz ist im Homeoffice also das eine, der gute Umgang mit sich selbst der andere. Deshalb wollen wir im letzten Kapitel darauf eingehen.

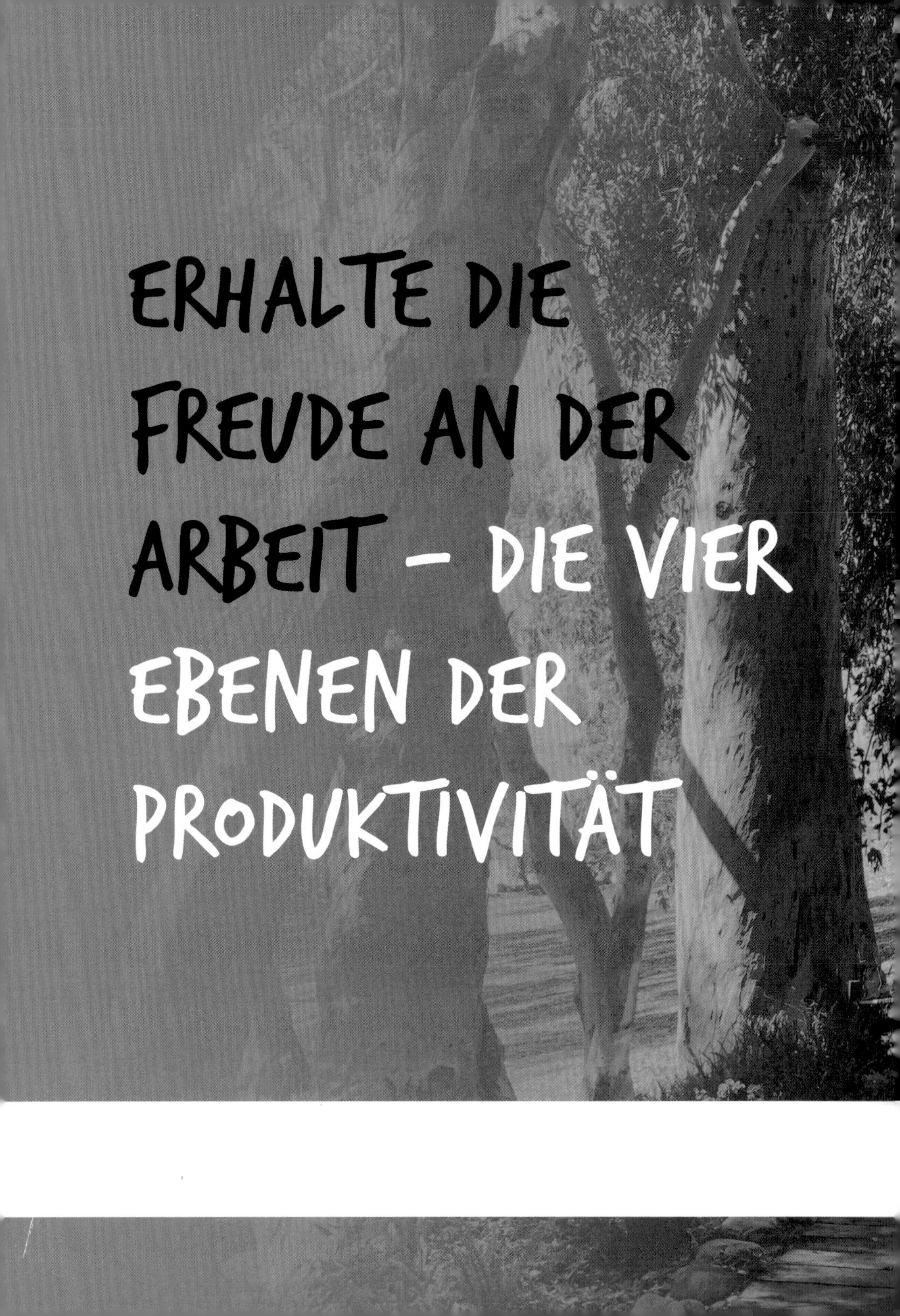
ERHALTE DIE FREUDE AN DER ARBEIT – DIE VIER EBENEN DER PRODUKTIVITÄT

Viele, die während des Lockdowns zum ersten Mal länger im Homeoffice gearbeitet haben, waren überrascht, wie angestrengt sie einerseits waren und andererseits wie wenig produktiv. Sie schoben das darauf, dass sie mit ihrer Zeit nicht gut umgegangen waren. Tatsächlich hat dieses Phänomen wenig mit Zeitmanagement, aber sehr viel mit Energiemanagement zu tun.

Das spielt sich auf vier Ebenen ab, auf die wir jetzt mit Ihnen schauen wollen.

Ebene 1: Ihr Körper

Damit Sie körperlich in Ihrer Energie bleiben, brauchen Sie hauptsächlich eines: Pausen. Machen Sie pro Stunde mindestens eine.

Wenn das mal nicht geht, achten Sie darauf, dass Sie maximal zwei Stunden durcharbeiten und dann aber eine ordentliche Pause einlegen, in der Sie sich bewegen. Gehen Sie weg von Ihrem Arbeitsplatz, raus, vielleicht sogar ins Freie oder wenigstens in die Küche, um sich einen Kaffee zu machen.

Ebene 2: Ihr Geist

Der wichtigste Tipp ist hier: Geben Sie sich Fokuszeiten, in denen Sie störungsfrei arbeiten können. Kombinieren Sie diese am besten mit Ihrer körperlichen Energie.

Rainer zum Beispiel legt sich so richtig große Brocken, die viel Energie von ihm fordern, gerne auf den Vormittag. In dieser Zeit schaltet er sein E-Mail-Programm ab, alle Messenger-Dienste auf lautlos. So kann er intellektuell herausfordernde Arbeiten, die viel Konzentration erfordern, ohne Ablenkung erledigen.

Die ersten E-Mail-Antworten schickt er dann erst gegen Mittag raus, denn sehr oft setzt eine solche Antwort eine Spirale in Gang, der er sich dann nur schlecht entziehen kann.

Auf den Nachmittag legt er sich die Termine für Besprechungen, Meetings und überhaupt das Socializing.

Wenn Sie eine solche Taktung mit Pausenzeiten kombinieren, bleiben Sie energetisch auf einem guten Track.

Diese beiden Ebenen alleine reichen aber noch nicht, um Sie wirklich produktiv zu halten.

Ebene 3: Emotionen

Es ist auch wichtig, dass Sie emotional in guter Energie bleiben.

Jeder von uns hat Dinge auf dem Tisch, die nicht so gut laufen und die uns runterziehen. Deshalb brauchen wir einen Ausgleich.

Nehmen Sie sich ganz bewusst Sachen vor, die Ihnen Spaß machen, beziehungsweise tauschen Sie sich mit Menschen aus, die Ihnen Spaß machen. Das können zum Beispiel Kollegen sein, die gerade etwas gut gemacht haben, die Ihnen geholfen haben oder denen gerade etwas gelungen ist: Denen können Sie gratulieren, Ihren Dank oder Ihre Begeisterung ausdrücken, denn das bringt Sie selbst in einen Zustand guter Energie. Oder Sie erzählen anderen, was bei Ihnen gut gelaufen ist – damit ist Ihnen beiden geholfen. Setzen Sie eine positive emotionale Energie-Spirale in Gang.

Ebene 4: Sinnhaftigkeit

Sinn gibt uns Energie. Achten Sie deshalb darauf, dass Sie neben all den Schwierigkeiten und Problemen, die Sie bewältigen müssen, immer auch Aufgaben haben, die für Sie Sinn ergeben, in denen Sie aufgehen und bei denen Sie Ihre Stärken einsetzen können. Machen Sie diese in Ihrem Kopf groß, damit Sie sich von dem Rest nicht auffressen lassen!

Gerade der letzte Punkt ist enorm wichtig, denn wir sind durch die Corona-Krise alle aus unseren Gewohnheiten herausgerissen worden. Sinn gibt die Orientierung, die Sie brauchen, um dennoch in Ihrer Energie zu bleiben.

DEN ZWECK NEU DENKEN – DIE ZUKUNFT DES HEADQUARTERS

Vor kurzem haben wir von einem Geschäftsführer eine Mail bekommen, in der er schrieb, dass er überlegt, seine Mitarbeiter auch nach Corona zu mindestens 50 Prozent im Homeoffice zu belassen. Und von Katharina Borchert wissen wir, dass Mozilla seinen Anteil von remote arbeitenden Kollegen von bisher 50 auf 70 bis 80 Prozent steigern möchte.

Der Grund dafür liegt nicht allein in der guten Erfahrung mit Homeoffice-Lösungen. Dahinter steckt auch, dass die neuen Abstands- und Hygieneregeln, die uns noch sehr lange begleiten werden, gar nicht mehr die Dichte der Belegung erlaubt, die vorher Standard war. Laut einer Modellrechnung des Büroausstatters Vitra kommen Sie für eine Fläche, auf der vorher 64 Mitarbeiter ihren Platz fanden, nur noch auf eine Belegung mit gerade mal 34.

Und wenn Sie den Fokus ganz groß ziehen: Wohn- und Arbeitsraum in den Metropolen und ihren Speckgürteln wird immer knapper und teurer. Auf der anderen Seite veröden ganze Landstriche, weil die Menschen auf der Suche nach Arbeit wegziehen müssen. Das ist ein Teufelskreis und der kommt auch die Unternehmen teuer zu stehen: Sie müssen ihren Mitarbeitern in den Metropolen zum Ausgleich der hohen Lebenshaltungskosten viel mehr Geld zahlen und gleichzeitig enorm teure Flächen unterhalten.

Wenn also der Anteil der Homeoffice-Arbeit deutlich zunimmt, stellt sich auf der anderen Seite automatisch die Frage: Was passiert mit den Büroflächen der Headquarters? Welchen Zweck erfüllen sie noch?

First place

Eines ist sicher: Dieser Zweck wird neu definiert werden.

Firmenzentralen werden dadurch nicht weniger wichtig, wenn sie nicht mehr der Ort sind, an dem jeder Mitarbeiter seinen Schreibtisch stehen hat. Sie übernehmen stattdessen die im wahrsten Sinne des Wortes zentralen Aufgaben: Sie sind der Ort, an dem es um das Community Building geht. Sie stiften Gemeinschaft und repräsentieren das Unternehmen nach außen. Sie prägen die Kultur.

Darüber hinaus sind sie der Ort, an dem Mitarbeiter zusammenkommen, um an komplexen Themen und Projekten zu arbeiten. Hier wird gemeinsam am Prototyping gearbeitet. Hier haben Innovationen ihren festen Platz.

Katharina Borchert drückte es so aus: „Ich glaube, dass die Headquarters zu einer Art Repräsentionsraum werden – zumindest bei Firmen, die viel Kundenverkehr haben. Und darüber hinaus werden sie sich zu Kreativ-, Meeting- und Begegnungsstätten wandeln."

Somit rücken die Flächen in den Mittelpunkt, die Airbnb noch „second places" nennt, weil sie die klassischen Arbeitsplätze ergänzen: nicht-buchbare Meetingräume, Begegnungsräume, Projekträume. Diese „zweiten Orte" werden in den Headquarters zu den eigentlich „first places", denn viele der angestammten Einzel-Schreibtische werden in die Homeoffices wandern beziehungsweise von Shared-Desk-Lösungen ersetzt werden.

Der Widerstand, den Mitarbeiter noch vor der Krise gegen Shared-Desk-Lösungen hatten, wird durch die Erfahrungen aus der Lockdown-Situation beträchtlich schmelzen: Viele haben gemerkt, dass sie keinen festen Schreibtisch im Büro brauchen, um gute Arbeit zu leisten und dafür anerkannt zu werden. Katharina Borchert hat uns darauf aufmerksam gemacht, dass es für eine effektive Remote-Arbeitskultur immens wichtig ist, dass remote arbeitende Mitarbeiter nachweislich ebenfalls Karrierechancen haben und nicht nur Mitarbeiter, die zu 100 Prozent im Office präsent sind.

Durch die Corona Krise wurde dem klassischem Büro ein Impuls zur Entwicklung versetzt, die sich zunehmend bestätigt und unumkehrbar ist. Wir sind uns sicher: Unternehmen können Chancen auf mehreren Ebenen nutzen, wenn Sie Ihr Raumkonzept weiter denken:

Unternehmenszentralen und Bürogebäude werden zu Begegnungs- und Kreativzonen, in welchen die Kultur des Unternehmens geprägt wird. In denen für die einzelnen Mitarbeiter Zugehörigkeit und Teil eines sinnhaften, größeren Ganzen zu sein, erfahrbar wird. Und in denen Teams gemeinsam an innovativen Projekten und großen Lösungen für die Zukunft arbeiten.

Daneben ergeben sich für Unternehmen mit einem smarten Homeoffice-Modell nicht nur Kostenvorteile, sondern auch die große Chance auf einen weltweiten Talente-Pool zugreifen zu können und in Bezug auf Recruiting von Mitarbeitern nicht mehr nur auf ihr geographisches Einzugsgebiet von gestern angewiesen zu sein. Dies gilt sowohl für Unternehmen, die ihren Sitz in teuren und kaum leistbaren Metropolregionen haben, als auch für Firmen, die von weniger attraktiven Regionen aus operieren.

Als logische Fortführung werden clevere Unternehmen ihren Mitarbeitern auch ermöglichen verstärkt mobil tätig zu sein und dabei Orte aufzusuchen, die inspirierendes Arbeiten und innovative Co-Kreation ermöglichen. Sei es in einer geschäftigen Coworking-Location, in einem städtischen Café oder irgendwo zurückgezogen in der Ruhe der Natur.

So kann der *Code für kreative Räume* in der Zukunft allumfassend angewendet werden ...

MIT DEM CODE
FÜR KREATIVE
RÄUME ZU
IHREM ROOM
TO GROW

Sie können Räume so gestalten, dass sie Menschen klein halten. Sie können sie aber mit Hilfe unseres Codes auch so gestalten, dass sie Ihre Mitarbeiter regelrecht dazu herausfordern, größer zu werden, aktiv zu sein, sich weiterzuentwickeln – und sich wohlzufühlen.

Wenn Sie den Code für sich nutzen wollen, beachten Sie bitte die Reihenfolge der drei Dimensionen. Beginnen Sie also immer mit der *Strategischen Funktionalität*, bevor Sie sich den Geboten der *Unperfekten Lebendigkeit* und der *Fokussierten Inspiration* zuwenden. Fragen Sie sich: Welche Art von Arbeit muss von Ihren Mitarbeitern verrichtet werden und welche Art von Raum unterstützt diese Arbeit bestmöglich?

Wenn Sie sich für eine Neugestaltung entscheiden, wird sich das für Ihr Unternehmen lohnen. Denn es geht dezidiert nicht darum, dass Sie damit auf den aktuellen New-Work-Hype aufspringen und alles über den nächsten ungeeigneten Kamm scheren. Sie betrachten stattdessen sehr, sehr differenziert, was Sie in Ihrem Unternehmen wirklich brauchen – und was nicht.

Die nebenstehende Skizze macht es noch einmal deutlich: Wenn in einer Abteilung zum Beispiel größtenteils Aufgaben anstehen, die konzentrierte Einzelarbeit erfordern, macht eine Shared-Desk-Lösung keinen Sinn. Wenn in einer anderen Abteilung viel gesprochen werden muss, dann eben schon. Und je nachdem, wie viel von welcher Arbeit in Ihrem Unternehmen anfällt, verschieben sich die Anteile von ruhigen zu kommunikativen Zonen.

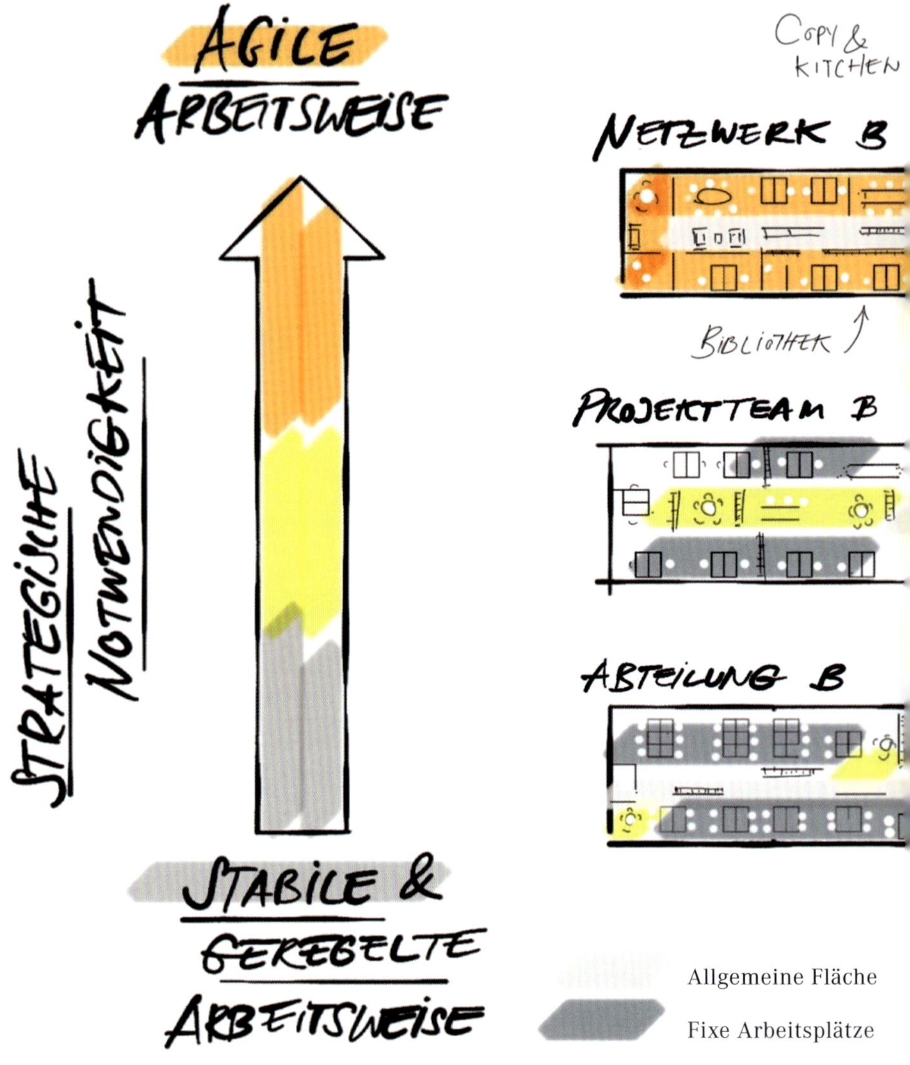

Abbildung 4:
Prototypischer Grundriss unterschiedlicher strategischer Funktionalitäten

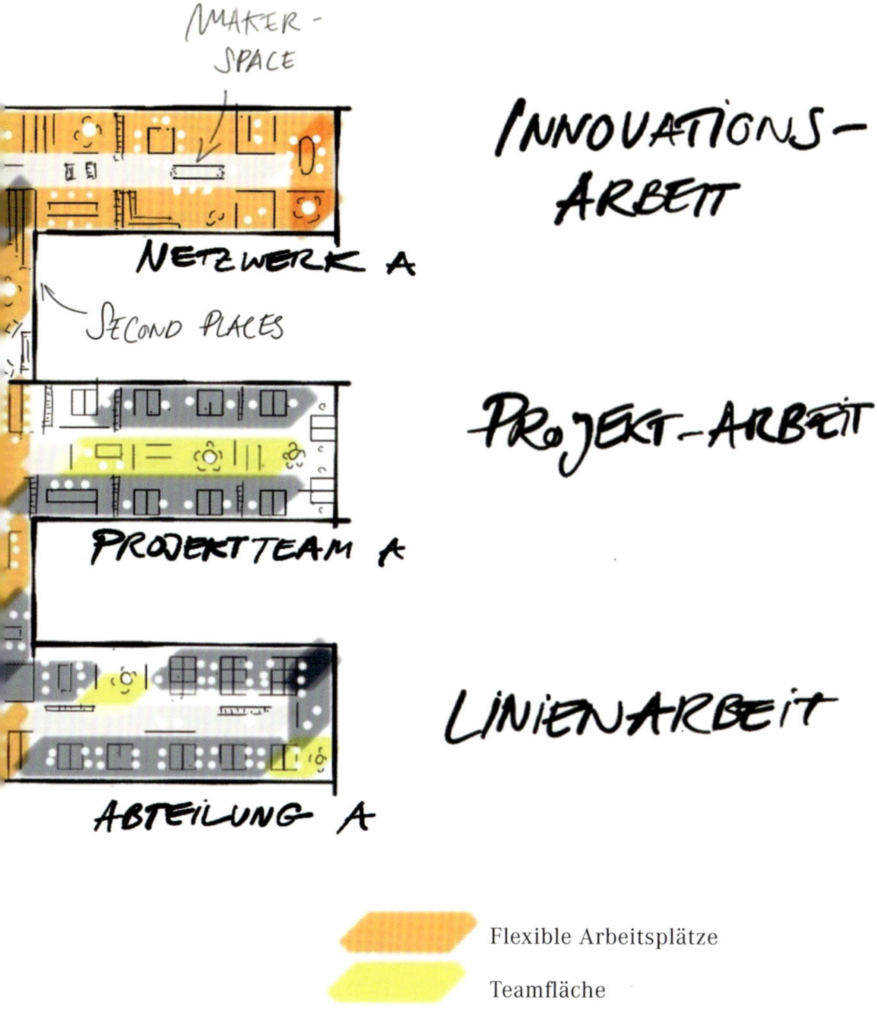
MAKER-SPACE
INNOVATIONS-ARBEIT
NETZWERK A
SECOND PLACES
PROJEKT-ARBEIT
PROJEKTTEAM A
LINIENARBEIT
ABTEILUNG A
Flexible Arbeitsplätze
Teamfläche

Im Kleinen wirksam

Der *Code für kreative Räume* gilt übrigens genauso im kleineren Maßstab, wie zum Beispiel, wenn Führungskräfte ihr Arbeitsumfeld optimal gestalten wollen. Wir haben schon einige solcher Planungen erfolgreich begleitet.

Wenn Sie sich zum Beispiel über Ihr eigenes Büro Gedanken machen wollen, sollten Sie deshalb im ersten Schritt über die *Strategische Funktionalität* nachdenken: Welche unterschiedlichen Tätigkeiten üben Sie dort aus? Welche ergonomischen Möglichkeiten brauchen Sie dazu? Haben Sie Platz für Arbeit im Stehen? Haben Sie Platz für die normale sitzende Arbeit am Schreibtisch? Haben Sie die Möglichkeit, ganz entspannt an einem Thema zu arbeiten mit hochgelegten Füßen und dem Laptop auf dem Schoß?

Und vor allem: Haben Sie auch die Möglichkeit, ein vertrauensvolles Gespräch mit einer oder zwei Personen zu führen? Gibt es zum Beispiel einen kleinen runden, schönen Besprechungstisch, an dem Menschen gerne sitzen und der es ermöglicht, mit Ihnen auf Augenhöhe zu sprechen? In den Büros sehr vieler Führungskräfte stehen dafür bestenfalls ein bis zwei Stühle dem Schreibtisch gegenüber. So boykottieren Sie gute Gespräche geradezu.

Wenn Sie die Funktionalität ermittelt haben, prüfen Sie als nächstes: Wie ist es um die *Unperfekte Lebendigkeit* in Ihrem Büro bestellt? Haben Sie genügend Licht? Wie steht es mit der Luft? Haben Sie Grün um sich herum oder schauen Sie ins Grüne hinaus?

Und anschließend: Wie sieht es mit der Inspiration aus? Haben Sie zum Beispiel ein Vision Board bei sich hängen? Oder lassen Sie sich von einem Kunstwerk inspirieren? Ist der Blick aus Ihrem Fenster anregend?

So können Sie in Ihrem eigenen Büro erleben, wie sich die Wirkung des Raumes verändert, wenn Sie ihn nach den *zehn Geboten* gestalten.

Egal, ob Sie im Kleinen oder im Großen beginnen: Eine wichtige Empfehlung möchten wir Ihnen dazu noch geben ...

Schritt für Schritt

Gehen Sie iterativ an die Umgestaltung heran. Sie dürfen und sollten sich herantasten und immer wieder prüfen, ob Sie die gewünschte Wirkung erzielen und weiter ausprobieren.

Der größte Fehler, den Unternehmen dabei aus unserer Sicht machen können, ist zugleich auch die größte Todsünde gegen den *Code für kreative Räume* überhaupt:

Top-Down-Design-Freeze

Viele Unternehmen, die sich bereits bewusst sind, dass Kreativität und Produktivität viel mit Raumgestaltung zu tun haben, lassen sich ein theoretisches Konzept extern erstellen. Der Vorstand oder die Geschäftsführung segnet dieses Konzept ab und anschließend darf daran nicht mehr gerüttelt werden. Doch zum *Code für kreative Räume* gehört Lebendigkeit und Veränderung: Sind sie verboten, können die besten Raumkonzepte nicht wirken.

TODSÜNDE

Aus einem Top-Down-Design-Freeze spricht auch massives Misstrauen gegenüber den Mitarbeitern. Er signalisiert: Ihr wisst nicht, was gut für euch und eure Arbeit ist.

Denn was sonst spricht dagegen, dass Sie einfach die Zahl der erforderlichen Schreibtische und Regale anschaffen und es den Mitarbeitern überlassen, die jeweils besten Plätze dafür zu finden?

Es ist kein Widerspruch, wenn wir gleichzeitig empfehlen, dass Sie sich den Dimensionen in der Reihenfolge eins bis drei annähern sollten: Denn Sie müssen nicht darauf warten, dass Sie und Ihre Mitarbeiter eine 100 Prozent perfekte Lösung für die *Strategische Funktionalität* gefunden haben. Sobald Sie weitgehend Klarheit über diese erste Dimension gewonnen haben, dürfen Sie sofort an die anderen Dimensionen gehen. Kleinere und größere Veränderungen vorzunehmen, ist immer möglich – und im Sinne der Lebendigkeit und des Wachstums Ihres Unternehmens auch immer wieder nötig.

Es lohnt sich

Größere Kreativität und bessere Zusammenarbeit, gesteigerte Innovationskraft und Wohlbefinden der Mitarbeiter schlagen sich direkt im Firmenergebnis nieder. Deshalb lohnen sich Investitionen in den *Code für kreative Räume* immer. Und sie sind extrem nachhaltig.

Im Gegensatz zu punktuellen Fortbildungen, Führungsappellen und Motivationsveranstaltungen wirkt Raum während der gesamten Zeit, in der sich die Mitarbeiter darin aufhalten – also jede Minute und das jeden Arbeitstag. Es ist daher aus unserer Sicht eine der kostengünstigsten Einflussnahmen auf Mitarbeiter überhaupt.

Wenn Sie sich Verhaltensänderungen bei Ihren Mitarbeitern wünschen, kann der Raum das für Sie erledigen. Und der *Code für kreative Räume* sagt Ihnen, wie.

Wir wünschen Ihnen viel Erfolg bei der Umsetzung!

Die 10 Gebote im Überblick

1. GEBOT: Schaffe Teamarbeitszonen für Aufgaben, die Abstimmung und Austausch erfordern.

2. GEBOT: Schaffe ruhige Arbeitsbereiche für Aufgaben, die Fokus und Konzentration erfordern.

3. GEBOT: Schaffe Räume für das Neue, für Experimente und die Prototypen der Zukunft.

4. GEBOT: Schaffe Räume für informelle Gespräche und spontane Abstimmung.

5. GEBOT: Schaffe Lebendigkeit durch Unperfektheit.

6. GEBOT: Schaffe Lebendigkeit durch Natur, Pflanzen, Licht und Luft.

7. GEBOT: Schaffe Lebendigkeit durch die Sichtbarkeit von Identität und Historie.

8. GEBOT: Schaffe eine Atmosphäre, in der sich die Leute sicher fühlen, kühne Ideen zu entwickeln und den Status quo herauszufordern.

9. GEBOT: Hole die relevante Außenwelt und den Kunden in die Räume.

10. GEBOT: Mach' unübersehbar und spürbar, wofür das Unternehmen angetreten ist.

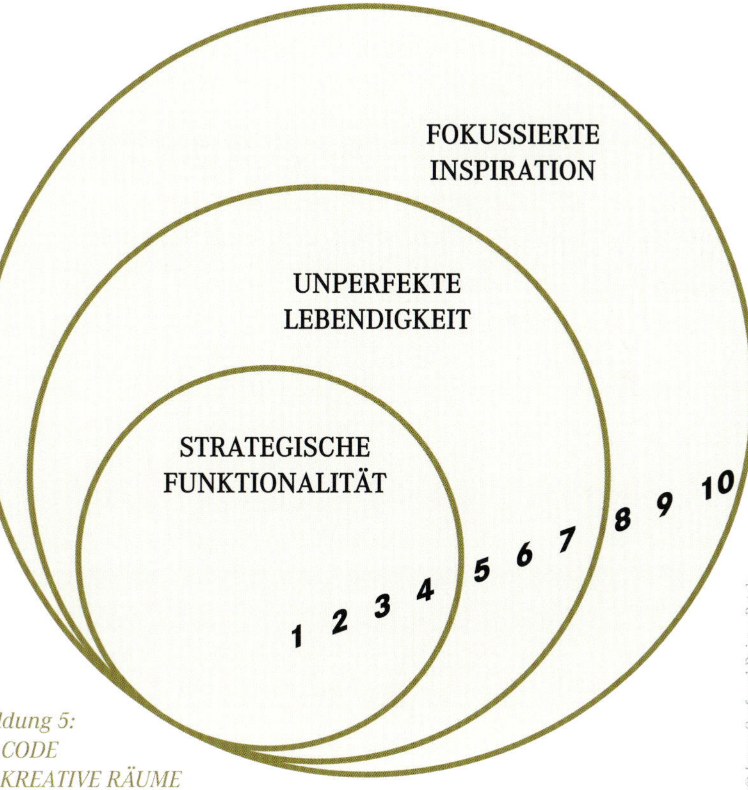

Abbildung 5:
DER CODE
FÜR KREATIVE RÄUME

© Irene Graf und Rainer Petek

Literaturangaben

Christopher Alexander, Sara Shikawa, Murray Silvers: „*A Pattern Language*“ 1977, „*Eine Mustersprache: Städte-Gebäude-Konstruktion*“ 2011.

Marc Augé: „*Nicht-Orte*“, Orte und Nicht-Orte. Vorüberlegungen zu einer Ethnologie der Einsamkeit, 5.Auflage, München, C.H. Beck, 2019.

Hajo Eickhoff, Hans Höger, Gerald Hüther, Holger Schmidhuber, Jan Teunen: „*Raum Gehirn Schönheit*“ aus „*T Souvenirs*“, Berlin, dreizeichen verlag, 2013.

Fraunhofer IAO, Wilhelm Bauer (Hrsg.), Mitja Jurecic, Stefan Rief, Dennis Stolze: „*Office Analytics - Erfolgsfaktoren für die Gestaltung einer typbasierten Arbeitswelt / Success Factors for Designing a Work Type-Based Working Environment*“, Stuttgart, Fraunhofer Verlag, 2018.

Fraunhofer IAO, Wilhelm Bauer (Hrsg.), Klaus-Peter Stiefel, Stefan Rief: „*Coworking - Innovationstreiber für Unternehmen / Coworking - Driver of Innovation for Companies*“, Stuttgart, Fraunhofer Verlag, 2018.

Helmut Leitner: „*Mustertheorie: Einführung und Perspektiven auf den Spuren von Christopher Alexander*“ (Reihe Musterforschung, Band 1), 2.Auflage, Nauser & Nauser Verlag, 2016.

Christian Schittich (Hrsg.): im DETAIL, „*Arbeitswelten*“ Raumkonzepte, Nutzungsstrategien, Kommunikation, München, Edition DETAIL - Institut für internationale Architektur-Dokumentation, 2011.

IRENE
GRAF &
RAINER
PETEK

Irene Graf

Irene Graf ist als Beratende Ingenieurin für Unternehmen tätig. Sie studierte Architektur, Denkmalpflege und Kunstwissenschaften und war danach bei einem international tätigen Baukonzern über zehn Jahre für die Realisierung von Großprojekten verantwortlich.

Auf fünf Studienreisen ins Silicon Valley und darüber hinaus analysierte sie die Raumkonzepte der innovativsten Firmen der Welt auf verbindende Gestaltungsmuster und setzt heute ihr Wissen ein, um mit dem *Code für kreative Räume* in Unternehmen im deutschen Sprachraum neue Raumkonzepte zu verwirklichen, die mehr Zusammenarbeit, Kreativität und Innovation erzeugen.

www.roomtogrow.de

Rainer Petek

Rainer Petek ist Organisationsberater, Keynote-Speaker und Extrembergsteiger. Bereits als 19-Jähriger durchstieg er die Nordwand der Grandes Jorasses – eine der schwierigsten Wände der Alpen. Später führte er als Bergführer Kunden durch alpine Extremrouten.

Heute berät der „Bergführer für unternehmerische Nordwände" internationale Unternehmen und Manager von Deutschland bis ins digital führende Silicon Valley. Der studierte Organisationsentwickler weiß: Am Berg und im Business geht es vor allem um Verlässlichkeit und den Mut, Chancen zu nutzen und neue Wege besonnen zu beschreiten.

www.rainerpetek.com

Angebot
Inspirationsvortrag
„DER *CODE FÜR KREATIVE RÄUME*“

Wie Sie Ihr Unternehmen mit den Raumkonzepten des Silicon Valley zu einem pulsierenden Ort für Zusammenarbeit, Innovation und kreative Hochleistung machen.

Zielgruppe:

- Top-Management und Geschäftsführung in Entscheidungsgremien oder Strategie-Klausuren

- Projektteams und Entscheider vor bzw. während räumlichen Neu- und Umgestaltungsvorhaben

- Unternehmer, Geschäftsführer und Manager auf Kunden- und Mitgliederveranstaltungen

Entwicklung von Raumkonzepten für mehr Innovation, Agilität und Zusammenarbeit in Ihrem Unternehmen

Innovations-Garagen, Kreativ-Flächen, Raumkonzepte für ganze Unternehmensbereiche: Mit dem ROOM TO GROW - WORKPLACE SYSTEM von der Konzeption bis zur Umsetzungsbegleitung.

EXECUTIVE OFFICE Beratung

Was das Büro eines Entscheiders im 21. Jahrhundert können sollte: Konzeption und Einrichtung von Büros für Top-Manager, Geschäftsführer und Unternehmer.

www.roomtogrow.de

Impressum

www.roomtogrow.de

Alle Rechte, insbesondere das Recht der Vervielfältigung und Verbreitung sowie der Übersetzung vorbehalten. Kein Teil des Werkes darf in irgendeiner Form (durch Fotokopie, Mikrofilm oder ein anderes Verfahren) ohne schriftliche Genehmigung des Autors reproduziert oder unter Verwendung elektronischer Systeme gespeichert, verarbeitet, vervielfältigt oder verbreitet werden.

Erscheinungsjahr 2020

1. Auflage

Copyright Irene Graf und Rainer Petek

Umschlaggestaltung: LUV Design Susanne Freibichler

Layout /Satz: extract.design

Verlag: Irene Graf und Rainer Petek

Produziert von: Gorus Media GmbH

Fotos: Irene Graf und Rainer Petek

ISBN: 978-3-947572-73-1

DESIGN YOUR OFFICE !

You got the code !